BIM
技术在建筑工程中的应用研究

韦汉重　杨　阳　武　豪　著

中国商业出版社

图书在版编目（CIP）数据

BIM 技术在建筑工程中的应用研究 / 韦汉重，杨阳，武豪著. -- 北京 : 中国商业出版社，2024. 10.

ISBN 978-7-5208-3173-4

Ⅰ. TU201. 4

中国国家版本馆 CIP 数据核字第 20241UL710 号

责任编辑：葛 伟

中国商业出版社出版发行

（www.zgsycb.com 100053 北京广安门内报国寺 1 号）

总编室：010-63180647 编辑室：010-83118925

发行部：010-83120835/8286

新华书店经销

北京七彩京通数码快印有限公司印刷

*

710 毫米×1000 毫米 16 开 10 印张 198 千字

2024 年 10 月第 1 版 2024 年 10 月第 1 次印刷

定价：50.00 元

* * * *

前　　言

随着新型工业化、城镇化、信息化发展的推进，建筑产业逐步发展成我国国民经济的重要组成部分。目前，与中国庞大的建筑业市场体量不相匹配的是建筑产业产能效率较低、建筑质量欠佳、资源的高消耗性等，相较于制造业，其仍处于劳动密集型产业阶段。在面临劳动力短缺、物质资源有限、施工效率较低等问题时，传统建筑行业粗放式的管理模式已经很难适应当代建筑产业的发展需要，通过数字化、信息化、工业化手段来实现建筑业高质量发展则成为重要方法。

大数据、云计算、移动通信、智能化等信息技术的高速发展使众多领域出现了革新性的变化，包括金融行业、半导体行业、新能源行业、消费行业等。融合了先进信息技术的建筑信息模型（Building Information Modeling，BIM）技术在建筑行业迅速发展。国家也在积极推动 BIM 技术发展，2022 年住房和城乡建设部发布的《“十四五”建筑业发展规划》就指出增强 BIM 技术、智能化、云计算等信息技术集成应用的发展力度，全面提高建筑业信息化、数字化水平，达到提升建筑质量、提高管理效率、绿色节能减排的目标。BIM 技术是实现建筑信息化转型的关键技术，可对建筑项目的物理特性和功能特性实现多维度的数字表达和信息集成，有利于提高建筑工程在设计、施工、运维的全生命周期可视化管理的水平，实现产业链各参与方在不同阶段、不同专业之间的数字化协同。

BIM 技术虽然受到建筑企业的青睐与国家政策的支持，但很多建筑企业对于如何有效使用这种信息化技术依然在不断摸索中。一些建筑企业只是将 BIM 技术作为施工过程中技术问题的攻克手段，还无法应用到整个施工阶段。基于此，本书从 BIM 技术出发，探索其在建筑工程中各环节的应用，内容包括六章，分别是 BIM 技术及建筑工程概述、BIM 技术在建筑工程项目进度管理中的应用、BIM 技术在建筑工程施工成本控制中的应用、BIM 技术在建筑工程质量管理中的应用、BIM 技术在建筑给排水设计开发中的应用、BIM 技术在建筑工程施工安全管理中的应用。希望本书的研究能推动 BIM 技术应用到建筑工程项目全过程，助力建筑产业高质量发展。

著　者

目　录

第一章 BIM 技术及建筑工程概述

第一节 BIM 技术概述

一、BIM 技术概念

BIM 最初是由“BIM 之父”Chuck Eastman 教授在 1975 年提出的，当时被称为建筑描述系统（Building Description System）。它的目的是实现工程可视化和量化分析，以提高工程建设效率。随着时间的推移，Eastman 教授将建筑描述系统发展成为建筑产品模型（Building Product Model）。他认为建筑产品模型能够提供建筑项目直观丰富的信息，适用于建筑的全生命周期。直到 2002 年，Autodesk 收购三维软件建模公司 Revit Technology，首次将 Building Information Modeln 的首字母连起来使用，称为建筑信息模型（BIM）。

BIM 是一种全生命周期的建筑信息管理过程，涵盖了工程项目的规划、设计、施工和运营管理阶段。BIM 运用三维、实时和动态的模型描述建筑物各属性，包括几何、空间、地理信息以及各种建筑组件的性质和构建材料信息。通过 BIM 技术，建筑师、工程师、承包商和运营商可以更加高效地协作，减少错误和冲突，提高项目的质量和效率。因此，BIM 已成为现代建筑行业不可或缺的工具。分开来看，BIM 可以从三个方面来解释。首先，Building 指的是建筑工程本身。其次，Information 指的是建筑工程所包含的各种信息，包括几何形状、时间、物料和成本等。最后，Modeling 可以从三个方面来看：其一，指的是将工程项目构建成三维模型，包括建筑的几何形状和各种属性信息；其二，指的是在三维模型上实施动态应用，如物料管理、进度控制、成本动态控制等；其三，指的是将各方面的动态应用汇聚在一个平台上进行协同管理。

从 BIM 技术的发展历程与概念来看，可以发现其最初提出的目标是提高工程建设效率。然而，随着 BIM 技术的不断发展和完善，其应用目标已经远远超出单纯地为了提高工程建设效率。现如今，BIM 已成为建筑设计、施工和运营管理等各个方面的重要工具，可以帮助建筑行业提高项目的质量和效率，降低建筑成本和风险。因此，BIM 技术要解决的问题已经不再局限于单一的工程效率问题。

二、BIM 技术国内外研究现状

（一）BIM 技术国外研究现状

1984 年，美国 Graphisoft 公司提出“虚拟建筑”的概念，那时 ArchiCAD 软件盛行于建筑业。2002 年，美国 Autodesk 集团最先应用 BIM 技术，并发布了包括名为“Revit”在内的一系列 BIM 产品应用软件。自 2002 年至今已经度过了 20 多个年头，当前建筑行业内已经全面认可并开始广泛使用 BIM 技术，BIM 技术也已经成为解决传统质量管理模式弊病的有效手段。BIM 技术不仅改变了建筑行业设计的底层逻辑，更重要的是使依靠 BIM 技术提高工程项目的质量、成本和效率，使施工管理的信息化成为可能。作为一种设计、建造和管理的新方法，BIM 促进了建筑过程中数字信息的交换，其正被用于生产和分析建筑模型。BIM 具有控制施工质量的天然优势。在美国，Mc Graw Hill 进行了一次统计研究，他计算了 BIM 在美国建筑行业的使用率，并得知从 2007 年至 2012 年 BIM 的使用量已经增长了 43 个百分点，从 28%提高到了 71%。Mitchell 更是提出了 BIM5D 的概念，他在文章中详细介绍了 BIM5D 的工作原理以及如何利用 BIM5D 技术提高质量和成本的管理效率。在 *5D BIM*：*Creating Cost Certainty and Better Buildings* 一文中，Mitchell 提出根据所搭建的 BIM 以及模型中的相关信息，利用 BIM 中自带的数学运算工具进行复杂的数学运算以便获得计划成本和在项目实施过程中所需要的实际成本；同时，Mitchell 也提出一个重要观点：对于项目管理人员来说，学会使用 BIM 技术比仅仅利用 BIM 软件更加重要。而不同于 Mitchell 等更加关注于 BIM 应用前景的专家学者，Autodesk 的副总裁兼美国建筑师协会成员 Bernstein 则更加关注于 BIM 技术在发展过程中所面临的阻碍因素。Bernstein 提出，如果 BIM 想在未来得到长足稳定的发展，其限制因素和局限性是必须在发展初期就纳入考虑范畴的。只有克服 BIM 技术上手困难、数据库庞大以及后台稳定性堪忧的问题，才能在客观意义上维持 BIM 技术的高速发展，否则 BIM 技术的发展只能是空中楼阁，因缺乏稳定的根基，迟早会被时代抛弃。

美国是世界上首个将 BIM 技术普遍使用于建筑产业中的发达国家，在其后，世界各地也开始流行应用 BIM 技术，如日本、英国、新加坡、芬兰、法国等。同时，由于 BIM 技术的应用和发展，很多国家和地区都制定了针对个体和企业的管理规范和法律法规。如美国联邦总务署发布有关规定，从 2007 年开始在政府机关及所属中大型建筑项目中需要合理使用 BIM 技术进行施工指导，编写了一系列工程应用指南，更有效地把 BIM 技术在施工过程中进行运用。此外，建筑科学研究所还参与制定了美国的 BIM 技术使用标准。英国的 BIM 技术规范委员会先后制定了可应用于 Revit 和 Bentley 等软件的 BIM 规范。韩国也紧随其后，在 2010 年出台了《建筑领域 BIM 应用指南》，推动了 BIM 技术的应用与发展，并对其实施指南、使用规范等进行了相应指导。此外，土耳其建筑业也将 BIM 技术更深入化、更细致地应用到了整个项目实施中，而 BIM 作为一个开放式的技术平台，也被广泛运用于沟通项目管理团队以及协调各参建方之中。埃及的建筑业曾经饱受管理不善之苦，导致时间、成本和材料的浪费，但现在已经开发了许多技术和工具来改进项目管理过程和处理这些挑战。在埃及，施工过程与 BIM 概念相联系，利用 BIM 技术能够在项目生命周期的任何阶段有效地进行项目管理。

（二）BIM 技术国内研究现状

就目前情况而言，我国的 BIM 技术发展水平和国外许多发达国家之间还存在着很大的鸿沟，这不仅表现在对 BIM 及其有关理论的实际使用标准和研究水平上，还体现在我国相关软硬件实力方面。

杨元锐、杨天宇[①]提出将 BIM 技术与项目装配相结合从而实现横跨整个生产周期的全面信息化管理并将其向各个产业全面推广，通过提高沟通水平的方式令项目各方的协同工作能力大幅度提高进而有效降低施工错误和返工现象发生的频率。以此为依据，杨元锐、杨天宇给出了将 BIM 技术全面应用于项目各个不同阶段的想法，并指出全方位多角度地利用 BIM 技术可以降低信息遗漏以及信息不匹配的风险。许云萍、徐晨[②]通过对工程项目管理过程中使用 BIM 技术和软件的实际情况进行分析，找出了现阶段对 BIM 技术的全面应用较为关键的阻碍因素，着重分析了文章中提到的阻碍因素会对项目质量管理产生何种影响，并在此基础上对解决这些阻碍因素提出了自己的解决方案。胡长明等[③]则在对项目成本进行研究的过程中提出将 BIM 技术与成本控制相结合的方案，指出如果在项目中合理利用 BIM 技术可以有效规避传统管理技术上的痛点与难点，攻克传统项目管理技术上的缺陷，提高包括领导层和工人在内所有相关人员的工作效率。拾秋月、王军和方继涛[④]也对 BIM 技术对成本控制的提高进行相关研究，通过研究建筑项目的主要特点，在进行施工阶段的成本控制过程中运用了 BIM 技术，并将此作为企业精细化施工管理的依据供企业参考。BIM 技术可以对工程信息数据进行集成与高效处理，通过合理运用这些数据可以提高成本管理的效率，BIM 技术已经成为建筑工程行业发展的重要组成部分[⑤]。

自 BIM 技术在国内开始应用以来，其最突出也是最庞大的使用场景便是应用于国家体育场的搭建以及其他奥运场馆的建设。从那以后，许多企业都越来越重视 BIM 技术的应

---

① 杨元锐，杨天宇 . BIM 技术在装配式住宅项目中的应用［J］. 施工技术，2018（5）：137-140.

② 许云萍，徐晨 . BIM 对工程项目管理的影响及应用障碍分析［J］. 建筑经济，2017（3）：35-37.

③ 胡长明，熊焕军，龙辉元，等 . 基于 BIM 的建筑施工项目进度-成本联合控制究［J］. 西安建筑科技大学学报（自然科学版），2014（4）：474-478.

④ 拾秋月，王军，方继涛 . BIM 技术在施工阶段成本控制中的应用研究［J］. 建筑经济，2016（12）：65-67.

⑤ 林佳瑞，张建平 . 我国 BIM 政策发展现状综述及其文本分析［J］. 施工技术，2018（6）：73-78.

用。特别是从 2009 年以来，国内 BIM 技术在理论上已经逐渐趋于成熟。由住房和城乡建设部颁布和实施的《2011—2015 年建筑业信息化发展纲要》，在总体目标中提出“加快建筑信息模型（BIM）、基于网络的协同工作等新技术在工程中的应用”，对全面推广 BIM 技术发挥了关键性的作用。

三、BIM 技术的应用特点

本书将 CAD 的二维制图也涵盖在内，把 BIM 技术定义为 5 个等级，见表 1–1。

表 1–1 BIM 技术等级

等级	维数	功能
0	2D	二维 CAD 或图纸化，与后续施工相对独立
1	3D	三维建模，可以进行施工模拟
2	4D	加入时间概念，可以进行进度控制
3	5D	加入成本概念，可以进行成本动态控制
4	6D	加入环保概念，可以对工程项目进行设计、施工、后期运营管理的全生命周期管理

目前 BIM 技术发展到等级为 3 的 BIM5D 阶段，将来会向等级为 4 的 BIM6D 方向发展。根据 BIM 技术本身及其不同等级的功能特色，可以总结出 BIM 技术有以下特点。

（一）可视化

传统的 CAD 施工图纸仅仅是将工程项目的平面图、立面图、侧面图以及各个构件的信息用线条的方式呈现在图纸上，而其真实的构造需要自行想象。相比之下，BIM 则构建了一个三维的实体模型，其中，无论构造节点是否复杂，都能以可视化的方式呈现给设计和施工人员，方便模型的查看、修改和优化。

在三维的实体模型上加入时间维度，形成 BIM4D 进度管理模型，不管是施工方、监理方还是业主方都可以随时随地直观地了解工程项目的施工进度、现场布置和物料管理。在这样的可视化监管模型下，工程项目更加透明，减少了质量与安全问题，便于成本控制。

可视化的实体模型还具有互动性和反馈性，它不仅是一种简单的工具，还是一个能够帮助设计和施工人员更好地理解建筑结构的系统，能够更好地满足用户需求，并提高施工效率。

（二）模拟性

在传统的施工过程中，常常因为工序冲突而导致返工和窝工现象。此外，现场布置不合理也会导致二次搬运。这些问题都会耗费大量的时间和材料，并且不利于成本控制。相比之下，BIM 技术的模拟性能够很好地解决这些问题。

在设计阶段，设计师可以利用 BIM 技术进行模拟实验。例如，通过利用日照模拟分析来调整设计方案，从而提高建筑性能。在招投标和施工阶段，施工人员可以利用 BIM 技术进行施工模拟，以确定合理的施工方案并指导施工，便于编写施工组织设计。在后期运营维护阶段，管理人员可以利用 BIM 技术进行模拟日常紧急情况，如消防疏散模拟，从而提高建筑物的安全性和可靠性。此外，BIM 技术还可以帮助管理人员预测建筑物的维护需求并规划相应的维护计划，从而降低运营成本并延长建筑物的使用寿命。

（三）协调性

在没有应用 BIM 技术之前，项目的协调工作往往难以实现。一旦项目在实施过程中遇到问题，设计方、施工方和业主方之间往往存在沟通不畅的情况，导致问题无法及时得到解决，从而影响工程进度和质量。相比之下，在使用 BIM 技术之后，各方可以更加容易地协调工作。通过 BIM 技术，他们可以在实施过程中随时对项目进行监测和评估，及时发现问题并进行沟通和协商。

在设计阶段，设计师可以使用 BIM 碰撞检测软件，以避免由于结构设计错误导致的管线排布问题。这种软件可以在施工之前对各个专业的碰撞问题进行协调，提出解决方案，并减少无用工序，使施工过程更加顺利。在施工阶段，施工人员可以将进度管控编写成工作日志，并上传到协作平台上。管理人员可以利用这些信息有效地了解施工人员的作业完成率，并弹性调整人员安排，以保证施工进度和质量。这种协作方式不仅可以提高施工效率，还可以减少人力资源浪费，进一步提高建筑项目的工程效率。

（四）优化性

在建筑项目设计、施工和后期运营维护阶段的全生命周期中，建筑项目需要不断优化，但随着项目信息的缺失和复杂程度的不断提高，建筑项目的优化会面临一系列挑战。BIM 能够提供工程项目的真实信息，包括几何信息、物理信息和规则信息等。因此，BIM 技术成为建筑项目优化的实用工具。

在项目优化方面，BIM 可以将项目设计和投资回报分析相结合，实时计算得出对投资回报产生的各种影响。这样，业主能够根据 BIM 计算得出的结果选择最优方案，从而实现工期和成本的优化改进。

（五）可出图性

BIM 技术的可出图性与传统 CAD 技术的可出图性有着本质的不同。利用 BIM 技术，可以全方位地展示建筑模型的可视化、协调性和优化性，不仅能输出常规的平面、立面、剖面和结构详图，还能对图纸进行细化，使工程表达更加详细和精准。通过将各专业图纸建模并进行整合，BIM 技术可以实现各专业之间的碰撞检测，并且出具改进后的综合管线图、碰撞检查报告和修改方案等，从而确保项目设计的准确性和协调性。

四、BIM 技术相关软件

BIM 技术常用的建模软件如下。

（一）Revit

Revit 是 Autodesk 开发的一套软件的名称。在 Revit 的帮助下，设计师能迅速地画出草图，建立三维模型，从而揭示建筑物内外部之间错综复杂的逻辑关系。整个设计过程都是在立体直观情境下进行的。Revit 的主要作用就是将设计图与数据整合在一起，便于设计者更好地构建三维效果模型。Revit 允许进行局部冲突检查，及时发现项目设计阶段存在的图纸问题，从而方便对项目图纸及时进行修改，防止项目进行到一定阶段后出现返工的大问题。Revit 还可以显示平面图、立面图和剖面图，在绘图过程可以自查问题，对于出现的问题及时整改，较好地提高施工效率。同样，在施工方案设计检查中，也可以提前发现施工工序搭接不合理的问题，及时提出整改方案，有效减少不必要的返工，加快施工的进度。

（二）Navisworks

Navisworks 包括 3 个软件程序，具体为 Navisworks Manage、Navisworks Simulate 和 Navisworks Freedom。Navisworks Manage 主要用于设计阶段，其主要作用是在不同时间节点上发现设计矛盾问题并及时进行整改。Navis Simulate 的主要作用是将三维模型与进度计划关联，将实际施工进度与计划进度进行对比，一旦发生偏差就提出相应的改进方法，对原计划进行修改，防止项目返工的问题发生。一般适用于如下几种情况进行进度计划的修改：一是实际项目工程施工进度提前或滞后；二是某些原本进度计划中制定的工作任务多余而且影响项目工期的实施需要被删除；三是由于某些原因，进度计划中需要添加新的工作任务，其利用新的工作任务，可以减少关键路径上工作的持续时间，并对工作任务间的逻辑关系产生改变，避免严重工期滞后的问题发生。BIM 技术实现时，一般先通过 Revit 建立模型，再导入 Navisworks 软件中进行可视化分析。使用 Navisworks Freedom 可以自由查看 Navisworks Simulate 或 Navisworks Manage 以 NWD 格式保存的所有仿真内容和工程图。Navisworks Freedom 为设计专业人士提供了高效的沟通方式，支持他们便捷、安全、顺畅地审阅 NWD 格式的项目文件。这款实用的解决方案可以简化大型的 CAD 模型、NWD 文件，而无需进行模型准备、第三方服务器托管、培训，也不会有额外成本。该软件还支持查看 3D DWF 格式的文件。通过更加轻松地交流设计意图，协同审阅项目相关方的设计方案，共享所有分析结果，便可以在整个项目中实现有效协作。

（三）Bentley

Bentley 是 BIM 技术的行业领导者，处于国际领先地位。该软件主要满足负责建造和管理公路、桥梁、机场、摩天大楼、工业厂房以及公用事业网络等全球基础设施的专业人士的需求。由于考虑到整个项目生命周期的业务特点，保障项目设计、施工准备、实施以及竣工等多个环节的进度，该软件致力于从单一功能向带有嵌入式模块的智能模块发展①。

（四）广联达 BIM

广联达 BIM 主要用于施工阶段，主要服务对象为施工方。广联达 BIM 主要是对施工过程进行仿真，把功能强大的计量、计价软件和资源配备软件关联起来，实现多功能单一性的优势，为生产、技术、施工等提供参考，从而达到缩短工期的目的。

第二节 建筑工程概述

随着我国社会生产力的发展，社会生产经营能力不断提高，建筑行业已成为我国经济增长的重要支柱产业。

一、建筑工程的特殊性

建筑工程项目具有如下特殊性。

（一）固定性

所有投资的建筑工程具有不可移动的特征，当一个建筑工程项目选址确定后，伴随着投资建设的推进，其工程项目所在地无法再进行变动，因此项目在施工结束后只能通过移交的方式来实现产权转让，无法像手机、电脑、汽车等产品一样运输到世界各地进行买卖和交易。

（二）多样性

每个工程项目都有不同的规模、结构、造型以及配套的装饰物，即使外观看起来一模一样的两栋建筑，也会因其地理位置、内在结构、所用材料的差异导致其功能大相径庭。

（三）长期性

由于工程项目本身建设复杂程度较高，其前期准备及建造周期也普遍较长。

（四）建筑产品的价值巨大

由于其生产过程中投入了大量的人力、物力、财力，导致生产过程中产生的人工费、材料费、施工机械使用费以及现场其他费用高昂，其自身所产生的价值也不可言喻。

（五）每个项目的施工过程不同

由于建筑工程项目本身特点的差异，每个建筑项目所包含的施工过程内容和范围也大

---

① 荀杨 . BIM 技术在工程项目进度管理中的应用研究［D］. 长春：长春工程学院，2019.

相径庭。但对任意一个建筑工程项目而言，其整体施工流程都是烦琐和复杂的。同时，施工阶段是建筑工程项目在整个实施过程中的重要环节，几乎涉及工程项目的所有参与者，因此需要各参与者之间协同作业；当互相之间无法及时且有效地进行沟通时，必然会产生信息传输和资源共享过程中的“孤岛”现象，这样会大大增加整个项目在工程管理工作上的挑战性。

二、建筑行业存在的问题

近些年来，很多城市为了发展本市经济，加快城市建设，对本市纳入重点项目的建筑工程项目制定了年度目标任务以及每月的细化考核任务。在政府及有关责任部门的大力督导下，各个建筑工地挂出了类似于“大干特干60天，确保工程按时完工”“抢时间，保进度”“白天晚上连轴转”等确保工程进度的相关标语。不少工程项目为了赶工期、追求回报率，仅将工程的进度与成本放在了首要的位置，而对工程质量的管理有所忽视。

当前，我国绝大多数的工程质量管理还在使用一些传统的管理模式，质量的把控以现场管理人员的主观意志为主，管理人员水平的高低直接造成了工程质量的参差。除此之外，施工人员自身的专业与技术水平良莠不齐、材料的使用不符合要求、施工时违反规范标准、不同专业工种间无法良好地进行协同作业等问题也都会对工程质量产生直接或间接影响。在传统模式下，工程质量存在着诸多不利因素，主要体现在以下几个方面。

（一）建筑从业人员水平不达标

当前建筑工程行业存在着施工操作人员施工经验丰富而基础知识不足、工程质量管理人员在高校受过系统且专业的理论培训但实践经验匮乏两种极端现象。这两种情况导致目前施工技术人员综合素质不过硬，质量管理人员缺乏实践经验无法有效对质量进行管控。

（二）建筑材料的使用不合理

如今建筑材料的选择范围越来越广泛，但近年来由于世界大宗商品价格的不断下跌以及建筑材料市场物价的瞬息万变，部分建筑单位为降低建筑材料成本，对建筑用材的质量把控往往不严，因此在建筑材料的管理与使用中，有时会忽视部分国家规范要求、疏忽部分标准要求，使工程质量存在一定的潜在隐患。

（三）施工人员未能严格按照规范要求开展施工作业

目前我国有不少工程项目交付时无法满足国家规范允许的偏差波动，其原因一是施工人员未能进行岗前培训，对相关标准及规范理解不到位，单凭其自身经验进行作业；二是现场质量管理方未能建立起完善的质量管理制度，导致管理存在诸多漏洞甚至空白区域，因此工程质量很难达到预定的标准和效果。

（四）各工种之间协调性较差

在传统模式下的工程项目建设过程中，由于参与者很多，不同专业工种之间必须协调作业，而由于协同管理信息系统的欠缺，在各工种之间传输信息与数据共享的过程中必然会出现巨大的信息“孤岛”现象，使各专业工种、多方参与者之间无法高效地实现协同作业，对工程质量造成不良影响。

（五）难以确定完成后的质量和效益

一般建筑工程在完成以后，通常会出现一些局部不满足使用功能需要或者不满足使用效果的问题，类似这样的问题经常会对工程的质量和效益造成不良影响。

（六）质量隐患问题的跟踪与反馈体系严重匮乏

在传统工程项目实施过程中，通常都是由监理方与建设方对现场施工情况进行检查和评判，质量相关问题大部分情况下以监理日志等文件形式进行保存，而监理日志一般不作为必需的建设档案进入档案馆保存，因此相关质量管理信息很容易丢失并难以追溯。

随着建（构）筑物种类的日益增多、内部结构的日益复杂、施工规模的日益扩大以及施工周期的日益增长，传统的质量管理手段已难以满足当前工程项目质量管理的需求。为了顺应如今信息化时代的发展潮流，需要一个较为科学且便捷的工程管理制度与技术手段，来对建筑工程的质量实施有效的监督和管理。

在全新的时代背景下，计算机信息系统、物联网技术以及“互联网+”等现代信息技术的蓬勃发展，为工程质量管理方法提供了新的思路和技术支撑。建筑行业通过引入 BIM 技术作为其信息化管理的手段，从而保障了工程质量体系的最优化构建，进而可实现社会经济效益的预期。

第二章　BIM 技术在建筑工程项目进度管理中的应用

当前，施工项目复杂程度与日俱增，这对项目施工阶段的进度控制提出了更高的要求。在数据分析与计算过程当中，进度控制的工作量大，其关键控制点众多，无法有效发现其核心所在，也就很难达到理想的进度控制效果。BIM 技术的出现，有效解决了传统项目管理中存在的缺陷，例如工程延期、工程费用超支、项目质量差等问题。同时，也给工程项目进度管理带来传统进度管理不可比拟的好处，如可以动态地模拟施工各过程，十分直观地反映出工作流水线，可以同时从全局和细节两个方面对项目整体进度实时控制，能及时发现解决施工流程产生的问题和矛盾冲突等，从而确保整个工程资源的供应均衡，达到较好地存储项目数据的目的，极大地降低了建设成本，提升了项目经营管理水平，保证项目目标得以完成。

第一节　建筑工程项目进度管理概述

一、项目进度管理理论

（一）项目进度管理概念

项目进度管理是在进度目标的指导下，结合工程各阶段工作内容、程序、持续时间与优先关系制订施工计划，并把实施方案落到实处；同时在工程执行过程中，及时审查实际进度是否按照计划进度进行，并针对存在的偏差及时进行原因分析，提出补救措施或者调整、优化原定方案直至项目竣工交付。随着项目的不断进行，项目的执行结果可能与原定计划不一致，这就需要针对不同的检查结果采取不同的措施。在一致的情况下，只需要按照当前的进度开展施工作业；如果检查发现与预定的进度发生了偏差，就需要及时地收集信息、分析原因，执行纠偏措施。因此，在计划实施过程中，应按照需求随时监测检查计划的实际执行情况，如果发现偏差，需及时反馈，快速查找原因，确定应对措施，进而进行进度计划的优化和施行措施来纠正进度偏差，使进度偏差保持在可控的范围内，尽可能降低工程成本。

（二）项目进度管理相关方法

关于进度控制，传统的控制方法有横道图对比法、S 形曲线对比法、香蕉形曲线比较法、前锋线对比法等，这些方法非常便于纠偏的检查，以便采取及时的控制措施。这些方法虽然都是通过对比分析来确定项目进度是提前或者延后，但对比的对象不尽相同。比如，横道图对比法主要适用于对比工作量与劳动力消耗等物理工程量指标，S 形曲线对比法主要适用于对比实际曲线和计划曲线的差异，香蕉形曲线比较法主要适用于对比 ES 曲线和 LS 曲线这两条起止点相同曲线的差距，前锋线对比法主要适用于对比计划进度和实际进度的前线位置和偏差程度。

（三）项目进度管理的标准化

项目进度管理的标准化是项目进行优化控制的前提，标准化的实施离不开规范的操作步骤。按照施工的先后顺序，这里将进度管理标准化划分为以下 4 个阶段。

1. 项目计划阶段

在工程开始时，按照工程各个组成部分分别编制相应的施工方案。经过仔细分析总体的方案，确定工程各阶段完工所需的时间长度，预测整个项目建设过程所需的时间及进度，确定建设项目资金预算、资源配备等情况，编制相关施工进度计划。

2. 项目实施阶段

规划完成后，即转入实施阶段，在这一阶段，管理者需要根据进度计划中的时间节点来调配人力与物资，协调工程中各部门的关系，合理安排时间表，最大限度地保证工程能按进度要求实施。

3. 项目控制阶段

项目管理部门应当按照原有项目进度计划，对项目建设进展情况进行定期检查，随时注意工程中发生的各种偏差。在发生偏离时，应及时采取相应措施，找到发生分歧的节点，并对原有的建设计划进行调整与改变，以将整个项目的进度限制在规定的限度之内。

4. 工程竣工阶段

在工程如期竣工后，需要对施工场地进行竣工清理等善后工作，确保按时保质保量交付业主，并且达到顾客的要求。

综上所述，项目进度管理的任务是为项目计划、实施、执行、控制做准备，其中的关键环节是计划、实施和控制。计划阶段确定工程是否能制订出清晰的施工计划，是否能有效率地实施，是否能提供监控，它是项目整体进度管理的依据。在项目进度管理中，实施阶段与控制阶段发挥着主要作用，在这两个阶段要做很多信息收集与资源调配的工作，以获取最新数据和信息，并对所发生的偏差加以控制和优化，确保工程按照进度计划按时完工或提前竣工。

二、项目进度管理国内外研究现状

（一）传统项目进度管理研究现状

我国对于项目进度管理方面的研究和应用起步相对较晚。1963 年，华罗庚将国外的管理方法“统筹法”引入我国。1992 年，《工程网络计划规程》的颁布，标志着项目进度管理技术在计划管理中的应用有了系统化的标准。进入 21 世纪，随着信息技术的飞速发展，项目管理的自动化程度实现了飞跃，管理的效率也有了巨大的提升。项目的管理者通过电脑端或者移动设备就能够完成项目的管理以及控制，使管理实现无缝对接①。在各种进度管理工具不断被开发运用的今天，项目进度管理技术在我国已进入一个崭新的历史阶段。虽然近年来我国在项目进度管理方面取得了较快的发展，但仍然面临着进度管理可视化不足和资源配置不均衡的问题。与国外相比，我国目前的理论创新和实际应用都相对落后，大部分研究成果来源于国外研究成果的拓展，无法使项目的普适性得到实现。

（二）BIM 项目进度管理研究现状

国外关于项目管理的研究，起源于 100 多年前的美国，并在各国科学家不断地探究下，于 20 世纪中期逐步成为一门重要学科。Henri Fayol 认为，项目管理由计划、组织、指挥、协调和控制五部分构成。该理论一直沿用至今。Tulenheimo 和 Risto 对 BIM 技术的全球发展进行了分析，畅想了 BIM 技术在未来工程中的应用前景。P. Mesaros 等证明了 BIM 技术在施工公司管理竞争力中发挥着重要的作用，能够提高施工公司工程管理效能。

相比国外 BIM 技术在项目进度管理中的应用，我国对 BIM 技术在项目进度管理中的应用在整体上还不是很成熟，但应用在不断增多，相关的应用研究也在不断增加，应用情况可分应用优势、应用问题、应用趋势三个方面。

（三）研究评述

BIM 技术在国外建筑行业发展程度较高的主要原因在于国外建筑行业基本上实现了市场化模式，其在国内建筑行业发展程度相对较低的主要原因在于国内建筑行业的市场化和竞争性相较国外有所欠缺。但 21 世纪以来，国外新的技术不断被引入中国市场，BIM 技术得到了空前发展。世界各大建筑软件公司研发了一大批以 BIM 技术为核心的软件，并在实际工程中进行了推广应用。国外在项目进度管理中运用 BIM 技术的深度较高，运用较为成熟。相对国外来说，我国建筑项目应用 BIM 技术的时间较晚，但发展较快。当前，BIM 技术已经被应用到更多建筑项目的进度管理中，相关学者对 BIM 技术在这方面的应用优势、问题和发展趋势进行了大量研究，相关的研究在不断成熟。但针对三、四线城市中小

---

① 宋伟．项目管理学［M］．北京：人民邮电出版社，2020.

型建设项目进度管理的BIM应用技术还不是很普及，BIM技术应用流程还不是很完善，BIM技术的进度管理评价体系还不完备，这些方面都需要进一步研究。总的来说，目前BIM技术在国内发展迅速，也在不断地完善补充。

三、项目进度管理评价相关理论

（一）项目进度管理评价概述

项目进度管理水平的高低可通过项目进度管理评价工作来开展。在使用进度管理效益评价方法的过程中，一般首先对进度管理的有关指标进行计量，再运用类比法、经验法对进度进行评估，考核进度评价的效益情况。项目进度评价的效益主要通过项目的安全性、工期、质量和财务指标等来体现，具体体现在项目的事故率、工期提前率、项目合格率、货物等品率、投资回报率以及成本降低率等方面。就项目进度评价而言，可从以下几个维度中选取指标来研究，比如参与主体、风险大小、管理水平以及项目收益等维度。

BIM技术在应用于项目进度管理过程当中，同样可采用上述指标加以评估，通过BIM技术中所蕴含的有关软件来开展工作，不但事半功倍，而且能改善施工质量，减少施工成本。因此，从这些角度来分析BIM技术在进度管理中的效果也比较合理。在选择评价指标的过程中，大部分项目一般会选择财务指标和成本估算指标两类，即常用经济费用效益分析和费用效益分析，但需要从经营和开发两个阶段来进行指标选择。从运营阶段选择的指标一般与资金、经济效益以及生产经营情况有关，从开发阶段选择的指标主要是经济效益方面的指标。

（二）项目进度管理评价方法

在评价信息技术利用产生的效益方面，一般会选择专家评价法、运筹学评价法、数学评价法、经济模型评价法等。其中，专家评价法是指让专家按照统一的标准对项目效益进行评价的方法，专家采取的方法主要有德尔菲法、相关系数法和类比法，该评价方法得出的评价结果较为主观。运筹学评价法是将运筹学应用到项目评价实践中的评价方法，一般的运筹学方法有多目标决策法、数据包络分析法、层次分析法等。数学评价法是指将模糊综合评价法、多元统计方法与神经网络方法等应用到项目效益评价中的一种方法，该方法的评价结果更加客观真实。经济模型评价法是将生产函数法、成本—效益分析法与投入产出法等经济学模型或者函数应用到项目技术效益评价中的一种方法。

第二节　BIM 技术在建筑工程项目进度管理中的应用分析

一、BIM 技术在建筑工程项目进度管理应用中存在的不足

（一）应用 BIM 技术熟练度问题

在具体实施应用 BIM 技术的过程中，大部分施工企业没有制定科学完善的实施标准和应用指南，对于 BIM 软件的了解不够深入，易造成应用“假 BIM”的情况发生；大部分施工企业组建 BIM 团队的时间较短，缺乏在项目进度管理中应用 BIM 技术的经验和教训，导致对项目中发生的各类问题，不能全部依靠 BIM 软件来解决；此外，BIM 团队的整体技术水平对于模型构建和实现信息价值存在较大影响。

（二）模型构建与平台构建问题

本书所选用的 Revit、Navisworks 等软件在本土化应用方面都有不足之处，造成所建 BIM 模型存在信息数据不能充分满足实际需求、模型和进度数据在关联时容易产生问题等诸多影响因素，这都将影响到模型数据在晚期的应用。而由于工程施工人员经验不足、专业水平欠缺、计算机专业知识有限，基于 BIM 技术在施工进度管理平台进行功能模块设计时，借助施工进度管理平台预期达到的效果是有限的，并存在软件及数据库设计上的不足，从而导致施工企业在运用 BIM 技术进行进度管理时并没有达到人们所期望的理想境界。

（三）进度管理工具缺陷问题

施工进度管理需要前期制订出一套“完美”的计划，但在实际施工过程中，由于受到外界因素的影响，实际执行情况总会与计划存在一定的偏差，这时需要将实际完成情况与计划完成情况进行对比，从而调整后续工作。尽管 BIM 技术能够通过“虚拟施工”实现计划进度的管理，但是如何与实际项目进度对比、分析实际项目完成情况，仍然需要科学和高效的方法，如果没有一套完备的工具或者成熟的运用体系，那么施工企业应用 BIM 技术时就“无据可循”。而由于进度管理工具缺陷所带来的问题，势必会导致 BIM 应用平台自身的一些问题，例如“信息传递差”“知识保护困难”“模型分解界定困难”“模型构件编码及关联复杂”；而且由于没有一个完善的进度管理平台，很难为各方提供一个沟通顺畅的平台和一个明确的合作模式，各方不能清晰明确地知道己方的责任与义务，导致出现“设计施工割裂”“各业务领域协作困难”“各参与方协作困难”等问题。

二、BIM 技术在建筑工程项目进度管理中的搭建思路

在建筑工程项目进度管理中利用 BIM 技术需要先明确应用的思路，一般来说，其应用的思路如下。

（一）构建基于 BIM 技术的进度管理模型

要借助 BIM 技术进行进度管理工作，需选取合适的 BIM 软件，要求其有 BIM 核心建模软件与 BIM 分析软件的结合。BIM 核心建模软件涵盖建筑、结构、机电、暖通、综合管廊等多个领域。BIM 建模过程和审核工作是一项复杂的系统工作，只有对整个实施流程不断进行改进，才能保证模型的精度。BIM 建模应分专业进行，分阶段分步实施。先对各专业工程进行建模，再对各专业模型进行集成和优化，然后交由业主和 BIM 项目经理及其他专业人员进行审查。各个步骤依次开展，促进最终目标的实现。

（二）基于 BIM 技术的进度计划分析

对建设项目的进度计划分析，主要涵盖工程的实施阶段，主要通过虚拟施工仿真技术模拟施工过程，来指导工程进度规划、进度推进、进度检查、进度纠偏和进度考核等工作。为确保建模合理，需要对项目的进度计划进行分析，发现计划中不合理的地方，并加以改善，让模型对进度计划进行不断修正，使最后的计划充分符合项目的实际情况。

（三）基于 BIM 技术的进度控制

根据 BIM 技术的施工进度控制原则，完成全部进度计划的制订工作，借助 BIM 信息平台，实现各参与方信息实时协同和交流，及时完成进度计划的协调和更改工作。具体而言，利用 BIM 模型可视化的特点，通过 4D 施工模拟功能，实时动态跟踪项目施工的整个过程，在实况的基础上结合原定方案对进度计划中存在的问题进行分析；借助 BIM 信息平台，完成各部门之间的信息交流工作，实现各方面信息的协同，完成进度计划的调整工作。

三、BIM 技术工作分解

工作分解结构（Work Breakdown Structure，WBS）是按照隶属关系将项目分解为各个实体，将其直观地展现给管理者。采用 BIM 建立三维立体模型统计工程量，根据工程量列表对 WBS 进行分解。为有效控制工作时间，要求管理者在利用已经掌握的资料和工程经验的基础上，对期望作出评估，可以较好地实现项目的细化效果。以 BIM 为核心的进度管理系统，不限次增加 WBS 里程碑节点工作数量，当一个 WBS 里程碑被标记为已完成，模块会利用其权重重新确定里程碑线路。在这个 WBS 层级上的全部操作线路都要使用百分比来确定，再次进行重新分类概括梳理关键线路。建立在 BIM 基础上的系统可以对具体 WBS 元素的定义进行挣得值设定，从而达到分析 WBS 挣得值的目的。

四、BIM 技术 4D 模型构建

（一）标高与轴网创建

在建立项目建筑信息模型时，施工人员先审核 CAD 图纸，根据制定的 BIM 模型制作标准，认真筛选对比，选取最合适的 BIM 企业标准进行 3D 模型的构建。施工单位在应用 BIM 技术的过程中，可以使用 Revit 软件建立项目模型，精确核算施工节点及工程量，优化施工机械和人员的配置，从而实现对项目的整体控制。在工程的施工期间，将虚拟施工模型与现场相结合，为施工相关工作提供参考依据。

在建模前，应先安装项目样板，在此基础上进行后期建模，在模型中处理标高、轴网等定位信息，将其设于立面图上，保障轴网线与标高线的交接，保障各楼层平面的完整性，明确显示轴网及各立面视图的标高。待这些过程完成后，再完成模型柱和墙体、楼板等构件，载入族或者设定构建类型等。

（二）4D 模型实体构建

1. 4D 模型概念

4D 模型即 BIM4D，是在 BIM3D 的基础上录入时间信息构建而成。在这一过程中，可以调动投资者的积极性，有利于工程持久进行。BIM3D 只是针对单纯的工程，而 BIM4D 能适用于复杂项目的规划和管理，推动资源合理配置，加快推进整个工程的施工进度。

2. 构建 4D 模型

在工程进度及 3D 模型有关软件的使用基础上，Navisworks 是实现工程进度和 3D 模型相结合的最常用软件。虽然其使用成本较高，但对施工流程进行预测的效果较好。此外，该软件还具备二次开发功能，可以其为基础制作 4D 模型。

3. 4D 进度模拟的实现

将专业 RVT 文件转换成 DWF/DWFX 文件，用 Navisworks 进行集成，构建 4D 模型，将横道图和 BIM 4D 模型关联起来，实现进度计划的编制。

4D 施工计划模拟的步骤重点包含以下四个：

（1）本仿真时间单位是月份、星期、天数，项目进度模拟通常分为正序模拟与逆序模拟两类，以时间间隔为单位，能形象地体现整个施工计划；

（2）对施工时间和各阶段完工量进行查看；

（3）对项目进度计划进行同步调整；

（4）如果要取得较好的结果，可增加动画以体现构件的存在效果，还可设定任务类型及播放时间。

4. 4D 模型模拟应用

Navisworks 是一款把工作进度和 3D 模型联系在一起的软件，由于其成本相对低廉，不需要硬件支持，因此其市场售价相对低廉。该软件有许多优势，例如，BIM3D 可插入，对 3D 模型进行了详细的分析，大大有利于项目人员准确预测施工流程；开展 4D 进度模拟，集各种专业格式设计模型于一体；构成一个系统信息模型，严格把关有效资料，提高了资料的准确性。

在模型构建中，设定模型每个部件的属性。比如在墙体设置上，可以选择墙体的材料和厚度，通过添加功能属性，要求每种功能都有固定属性，单击“确定”按钮，完成添加操作；还可以设置墙体厚度，可在每个结构功能后的厚度框内输入相应数据。

（三）实体碰撞检查

设计阶段利用 Revit 软件建模型，实现多专业协同，开展碰撞检查工作，及时发现冲突问题。一旦发生冲突，就要对施工图纸及时进行改善，防止项目在施工过程中出现更大问题，最后导致重大返工问题的出现。可以说，碰撞检查是施工进度管理中非常关键的环节。在项目工程碰撞检查的过程中，利用 Revit 的碰撞检查功能，可以在碰撞检查完成之后显示冲突报告并通过 Revit 输出，每一个专业工作人员都能找到问题所在，并及时对模型进行修正。Revit 适用于普通碰撞检查，特殊碰撞检查一般用 Navisworks 软件进行，在 Navisworks 中，碰撞位置及对应的 ID 信息都被收录在了检验结果中。通过碰撞检查，设计图纸上逐一标出了出现的问题，并向设计单位反馈标注的设计图纸，发现碰撞之处。

第三节　BIM 技术在建筑工程项目进度管理中的应用实例

德州市 A 项目为中小型建筑工程，采用传统项目进度管理的方法进行管理，存在可视化差、资源配置不合理等缺点。BIM 技术具有较好的可视化和协调性，正好可弥补传统进度管理的不足，通过综合效益评价的完成，能充分体现出 BIM 技术进度管理的优势，为将来更多建筑企业接受 BIM 技术提供依据。

一、项目概况

A 项目的施工单位是××城投房地产开发有限公司，该住宅楼的建筑面积为 6595. 80 平方米，共 8 层，其中地上为 6 层，地下为 2 层，每层层高为 3. 3 米，建筑总高度为 19. 58 米。耐火等级方面，地上和地下均为一级，基本可以满足防火要求。屋面防水等级方面，地上和地下均为一级。项目采取剪力墙结构，这一结构的使用寿命为 50 年，抗震强度为七级。

二、BIM 技术进度计划

（一）场地布置

利用 BIM 技术建立信息模型时，要先分析项目工程地形地貌及交通状况，转化为可视化资料，方便为进度管理服务，然后进行场地布置。

该工程项目共 8 层，其中地上为 6 层，地下为 2 层，建立 BIM 模型的流程较为烦琐。采用 Revit 软件建立模型，将 BIM 技术运用到工程进度综合管理中，可以对工程量进行精确核算，合理安排施工机器和劳动力等；利用虚拟施工模型确定关键控制点，并完成总平面施工布置。

工程建模前，创建项目样板。确定工程标高后，再建立轴网，实现轴网与标高的交接，各层平面均可展示轴网。轴网及标高创建后，工程的柱体、墙体、楼板和其他组件被创建。当这些组件被建立起来后，有必要先定义组件的性质，利用 Revit 对 A 项目构件的创建和建模。同时，对梁、柱、板、墙等构件的相关属性进行设置。

（二）施工进度模拟

对建设项目进行工程进度仿真应用，在建立 4D 模型时，便能动态地模拟出整个工程项目，这便于项目管理人员对进度计划的审查与调整。若仿真时发现有什么问题的话，也可直接对模型进行修正。

工程项目施工进度仿真前，在模型模拟建造过程中加入了动画视点，这便于项目管理者多方位综合查看工程建造过程，更利于管理者从模型不同部位找出施工中出现的问题，达到早发现、早修正的目的，避免施工期间返工现象的发生。

基于 BIM4D 管理平台，管理者能够对施工进度管理进行有效把控。职业工程师对设计有变动时，都会使用 BIM 模型来优化，并显示更改后的工作量及进度。专业工程师随工程量的改变而改变，重新分配人员和材料。

整个项目可以通过视频或照片的形式输出进度管理过程，从而可以更加直观、便捷地展现工程的整个建设过程。

三、BIM 技术进度控制

导入 BIM 技术后，能预先模拟出拟订好的进度计划，可视化分析结果可以给管理者提供便捷的视觉效果，并对数据进行直观透视分析。对突然发生的形势变化，管理者能够迅速地作出调整，进行相关预案分析，确保进度计划顺利实施。进度计划预计成果也为管理者所驾驭，查出与预期结果不符之处，也能适时调整。BIM 技术在建筑行业进度管理中的导入，是一种有益的尝试，必会改变进度管理不可视化的现状。

以 BIM 技术为基础的进度控制，内容如下。

（一）获取资料

靠近工地现场，BIM 工程师可以获得工地第一手资料。基于 BIM 的信息平台主要用于收集资料，对工程中出现的变更，在第一时间统计和转达，其还会收到来自其他平台的反馈意见并作出更改。

（二）发现问题

通过这个信息平台采集到的数据，结合 BIM 技术，用 3D 模型表示全部信息，并与 BIM 技术相结合进行施工进度模拟，发现进度管理中出现的问题，及时纠偏。

在 BIM 技术中，信息平台各组成部分处于核心地位，BIM 技术能从众多竞争者中脱颖而出，是由于对资料的全面利用。在工程项目整个生命周期中，各参与单位和有关部门都可实现工程项目的调整和信息更正等功能。工程项目初期，各参建单位均需收集有关资料，将其输入 BIM 模型，完成 BIM 模型改进工作。

BIM 技术可利用人工监控和自动监控两种方式。一是让人员携带手机、Pad 等工具，记录工程项目变化情况。二是自动监控数据。此法较为简便，无须人工干预，只要事先在有关地点安排好测量和监测工具，就能自动监测。这些控制仪器可为现代化监控设备，如三维激光扫描仪。

进度计划完成后，需要分析规划。为了证实该方案本身是否合理，需要高层次地对计划进行分析，检查项目计划内容是否完整等。工序作业是 WBS 最低等级的划分，主要检查的内容是能否方便地对规划进行控制。检查的内容还包括主要资源、费用的分配，作业工期确定，施工工序的逻辑关系，施工工序的约束情况，施工工序的时差安排及主要工艺交接点等情况。基于 BIM 的进度管理体系，为网络的优化、进度目标对比分析、挣得值分析等奠定了基础，结合 4D 模拟分析的特点，各项分析结果对项目控制目标的合理制定有较大的促进作用。

（三）对进度工期进行分析

利用 BIM 进度管理系统建立 WBS 工作列表视图、横道视图、网络视图、4D 视图，合理分析作业工期和逻辑关系。在横道视图或网络视图的基础上，找出关键线路和关键控制点，并将其突出显示，确定关键线路工作内容。当调整重点线路和重点工作时，可以直接编辑或者修改视图。4D 视图可以方便对作品进行观察和模拟仿真，使工作进展一目了然，也方便管理者及时发现其中的不合理之处。如果项目有很强的时间限制，则需要优先考虑完工时间，平衡预算金额，合理设置工程范围，平衡预算与实际的进度关系。如果要提前完工，则需要多次调查进度计划的实际进展，保障进度控制的准确性，及时更新作业列表、甘特图，并审查及更新日期约束、作业日历间的关系等。如果以更改结束时间来提前进度，只要把关键作业调整一下，就可以减少关键路径的作业序列，将另一作业序列转换为当前关键路径，并且确保这条道路在目标执行时间之前被终止。

根据本工程的实际情况，在对其进行项目进度分析的过程中，要先对工程项目进行任务分解。项目结构图（WBS）可以清楚地表达不同层次的任务分解情况。项目的结构分解如图 2-1 所示。

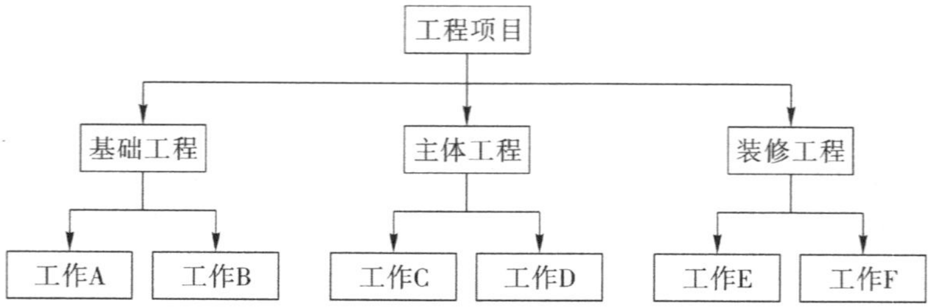

图 2-1　项目的结构分解

在项目的结构分解中，通常采用工程项目任务分解的方法，任务分解应利于实施目标控制等原则。工程项目的结构分解功能如图 2-2 所示。

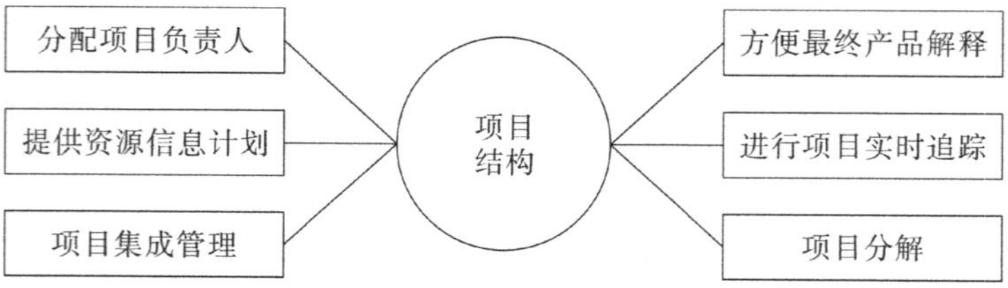

图 2-2　项目的结构分解功能

工程项目实施之前，分析工程特点，结合工程实际修正、调整工程目标。A 项目施工的参与人员较多，施工进度的协调控制比较困难，编制进度计划时采用进度目标分析的方法，确定进度目标，进行进度目标管理等工作。

在项目进度计划尚未敲定之前，要先分解影响工程的各因素，以应对市场和环境风险，确保目标合理可实现。A 项目的总进度计划纲要如图 2-3 所示。

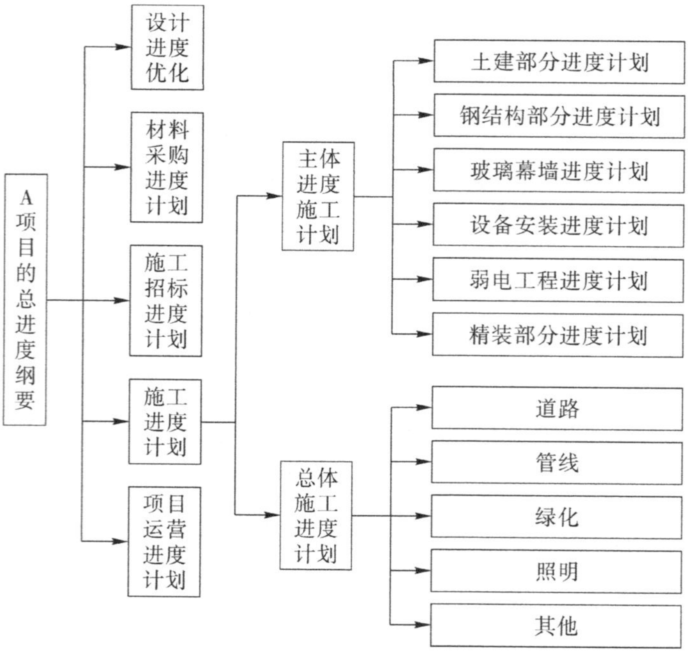

图 2-3　项目的总进度纲要

（四）资源分配分析

资源的使用是项目的首要约束，在分配资源到工作时，需要调查工作量和工作资源的分配情况，确保各项资源都能得到良好使用和配置，以便适当地运作，避免分配不合理。管理者每天上班之前要及时查看进度计划，对资源分配进行分析，找出分配方案上的不合理性，及时进行必要的调整。为了使资源的贡献最大化，要减少因资源分配而产生的危险。为了尽量减少工作负荷，首先，要降低资源成本浪费，优化关键资源的利用，让项目进度管理与成本管理相匹配；其次，对实施性计划预算费用和二级目标计划预算费用分布曲线进行验证，找出曲线有偏离的时点，对其进行调整。调整项目范围可以采取具体可行的举措，添加或减少 WBS 工作项目，平衡资源负荷，加强对特定资源的利用，合理控制工期，将费用控制在预算范围内。

（五）分析预算费用

不同层次的进度计划完成之后，运用系统内预算费用分析功能，可以审查规划预算费用分摊情况。其一，验证执行性进度计划预算成本分摊合计是否大于合同约定成本。执行性计划按照费用科目方式整理的报表在系统内开启，逐一匹配合同费用科目。其二，验证实施性计划预算费用和二级目标计划预算费用分布曲线是否一致。若不一致，观察其分布曲线是整体的时段还是局部的时段出现了较大的偏差。当在月规划直方图正偏差月大于负偏差月，并且工程规划日期处于前端时，表明实施性计划的预算费用分配领先于二级目标计划，可能会导致施工单位每月实际获得的付款超过了实际完成工程量，对控制工程费用不利；在预算费用计划分配落后的情况下，可能会导致施工单位目前实际获得的月付款低于实际完成的工程量，不利于正确反映实际工程进度。

实施性计划预算费用分配情况和二级目标计划预算费用分配情况曲线每月各时段的偏离情况始终存在，这一偏差通常要控制在低于预期的水平，否则，有必要对其进行验证和相应的调整。计划分析的过程，就是逐步明确项目进度控制目标的过程。应确定指导性计划作业工程，并按照定额工期实施，以经验工期为基本参照因素，对进度计划进行合理的安排，确保里程碑控制与资金控制相结合。在编制 3 个层次以下的计划中，必须在满足上级规划和控制的要求前提下，合理安排劳动力和作业进度、上级计划关键路径运行情况、关键作业工期等因素，保证不能超出下级计划。

四、BIM 技术进度优化

对于 A 项目，施工单位的各个专业工程师根据工程的建设特点，采用新的管理模式来制订施工进度计划。在编制进度计划的过程中，A 项目基于二维 CAD 图纸信息，完成了 BIM 创建。采用 BIM 对该工程施工阶段进行可视化模拟，可以发现存在的项目进度问题。

将 BIM 信息与施工进度计划信息应用于本项目，模拟施工过程，可考察某些不容易被察觉的潜在问题。结合传统进度计划实施过程，来编制 A 项目的基于 BIM 技术的进度计划过程，如图 2-4 所示。

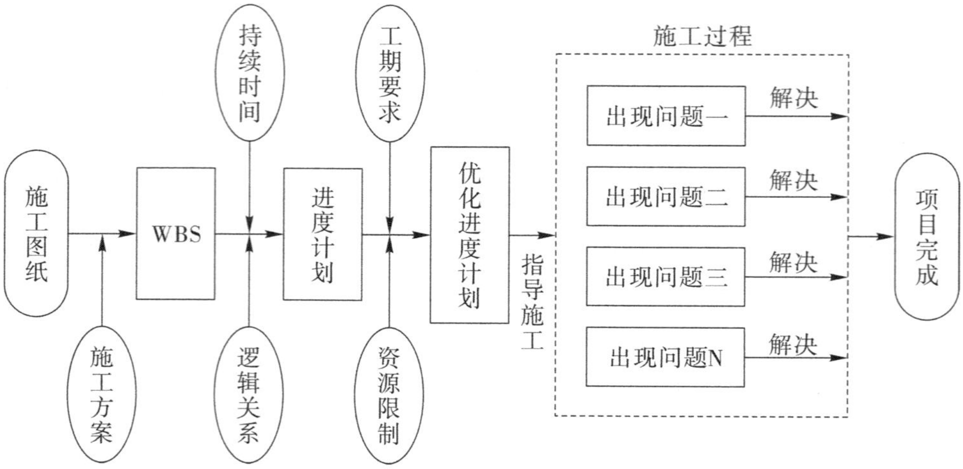

（a）传统进度计划实施过程

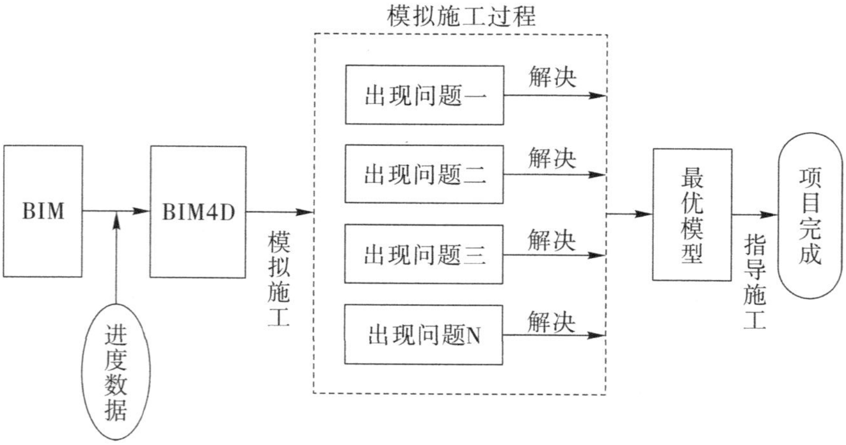

（b）基于 BIM 技术的进度计划实施过程

图 2-4 传统与基于 BIM 技术的进度计划实施过程

采用施工模拟的方法，可预见到项目实施过程中出现的各种问题，使施工进度管理效率大大提高。

（一）进度追踪

基于 BIM 的施工进度追踪可以使所有的指令都高效运转，迅速地传达到位，提高现场施工效率。BIM 技术项目进度跟踪检查主要有两种模型，一是建立一站式进度信息采集平台，二是建立施工进度计划模型，前者有利于信息的共享，后者可在 4D 施工进度跟踪的建立中进行。现场监控的方式以使用视频监控为主，其可以在建立 4D 施工进度跟踪与控制系统的情况下，更好地完成监督和跟踪工作，方便分析进度计划管理问题。

一站式进度信息采集平台方便开展施工进度跟踪和分析工作，施工方在各个阶段采集信息，并保持信息采集手段的多样化。A 项目的信息采集手段如下：一是靠 GPS 或场内全站仪测试放样点，锁定项目所处准确位置；二是安排施工场地各类测量仪器准确定位，如全站仪、激光定位仪等。

对于进度管理小组日常巡查的项目部位，也可采用人工更新的方法，实现 BIM 进度模型更新。进度管理小组携带智能手机等便携设备，走进工程部位，每日巡视 1 次，利用多媒体手段收集构件资料以及对应 BIM4D 中 WBS 任务分解的实施情况。

当项目实施阶段更新进度资料时，还要不断地观察正在施工工程的进展情况。将实际数据和计划数据进行比较，详细地研究进度，找出偏差与遗漏并立即进行处理，以预防潜在的不利条件对实际工程产生影响。

全部输出进度资料均可对工程现场进行验证。一是进行综合验证，需要结合 WBS 的开展现状，着手进行更加详细的验证。二是通过分组进行，以便在跟踪资料上独立地选择格式与梯度。数据显示，可在任意时间及任意跨度上随机实现 WBS 的规划工作。

（二）进度偏差分析

通过进度跟踪，可以获得工程项目施工进度计划制订的真实发展状况，发现进度偏差。开展进度偏差分析，必须先判断工作任务能否如期完成，如果实际工作进度和计划之间有很大的偏离，就要进一步分析偏差对后续任务发展的影响，并根据其影响程度，采取相应的预警措施。搞好进度偏差分析，才能针对偏差带来的影响，为今后的工作提供人员、材料、机械等资源并进行重新分配，调整进度，最大限度地保证工程效益的发挥。挣值分析方法是进度偏差分析的主要方法之一，能够同时对项目进度和成本利用情况进行分析。某一时段的累计计划值（PV，Planned Value）和挣值（EV，Earned Value）需要计算所得，进度偏差（SV，Schedule Variance）和相对进度绩效指标（SPI，Schedule Performed Index）可以对进度绩效进行综合评价，$SV>0$、$SV=0$ 和 $SV<0$ 分别代表工程进度早于、持平和晚于预期进度，同样意义的指标还有 SPI。BIM4D 施工模型可对这些参数进行直接输出，并针对滞后的问题利用不同色彩标记直接表示，还可以用常规横道图、资源列表等方式来表示。

通过利用挣值分析法对 A 项目 BIM 技术进度偏差进行分析发现，A 项目一层主体混凝土梁、板施工由两个施工队相互独立施工，没有很好地实现平行作业分工，造成部分人力资源浪费，出现窝工的现象。

（三）进度调整

BIM4D 施工进度管理平台可以跟踪进度并分析进度偏差，根据影响程度，将其中的滞后进度进行预警等级划分。为了保证工程项目的正常进行，需根据上述资料，及时掌握施工现场的实际情况，对施工进度进行适当的调整。

按照进度偏差（SV）的状况，A 项目调整采用的具体规则如下。①当 SV=0。这时实际进度和计划进度是一致的，不需要对有关施工进度进行调整。②当 SV>0。这时的实际进度比计划进度要快得多，提前完成了任务，可在保证工期目标得以实现的同时，结合实际情况，对基准施工进度计划进行适当调整，从而达到资源调配的最优化。③当 SV<0。这时的实际进度落后于计划进度，工作任务不能按预定计划进行，调整基准施工进度计划需依据偏差对工程项目实施的影响大小作出相应调整。

当前，进度调整通常采用两种方式。①各工序之间组织关系发生变化。调整项目执行过程中人为指定的顺序关系，恰当地运用平行作业或搭接作业等组织形式，这样就减少了总工期，而不会改变每道工序的时间长短。②缩短总工期和关键线路的工序时间。

不管采用什么样的调整方法，必然要突破原来的工作计划，有必要对 BIM4D 施工进度管理平台上的各参数进行再计算，对进度调整的合理性进行评判。首先，更新 BIM4D，在 3D 建模软件的基础上对相关组件进行调整，再导入 4D 模型。其次，对调整方案的合理性进行进一步的分析，在优化后的模型基础上，代入调整方案的有关参数进行再计算；结合 BIM4D 施工模拟，考察方案是否可能出现问题，判断施工进度计划的合理性；如有疑问，重复上述任务。最后，在施工进度计划重新制订之后，持续追踪施工进度，分析后续偏差，达到动态循环控制进度。

A 项目使用 BIM 技术进行进度管理，通过对进度管理模型仿真检查发现，在一层主体混凝土梁、板施工过程中存在交叉作业，造成人员窝工现象，需要及时调整，避免其他楼层也存在人力资源配置浪费的情况，延误工程总工期。该项目通过利用 BIM 技术进行进度控制，最终提前 12 天完工。

五、A 项目 BIM 技术进度管理效益评价

通过对 A 项目 BIM 技术进度管理应用分析发现，A 项目在运用 BIM 技术进行进度管理过程中，存在很多影响进度管理效益的因素，主要有返工减少率、合同履约率、信息传递差等因素。BIM 技术具体的应用优势还需要借助一定的定量评价方法进行评价。

（一）BIM 技术进度管理效益评价构建流程

1. 评价体系构建原则

BIM 效益评价指标体系是指由一系列具有相互影响关系的指标按照一定的原则组成的一个系统，该体系的建立要考虑以下三个原则。

（1）系统性原则。选取的效益指标应反映 BIM 技术给施工阶段带来的所有效益，并且这些指标是既相互关联又相互独立的有机整体。

（2）具有比较、量化和操作性原则。BIM 效益既有能直接量化的效益也有间接不可量

化的效益，比较原则要求直接指标和间接指标间具备比较性；量化原则要求间接的效益指标能通过一定的方式转化，具有可计算性；操作性原则要求指标测量数据容易获得、分析、计算。

（3）可调整原则。BIM 技术适用于大部分工程项目，对不同的参建单位、不同的工程项目和工程的不同项目阶段，BIM 效益指标会有所不同，需要根据实际情况调整。本书建立的是一套针对施工方在施工阶段普遍适用的效益指标。BIM 技术与云计算、大数据、物联网、移动技术、人工智能等集成使用，而这些信息技术会随着时间更新，导致有的效益指标失去意义，同时会有效益指标新生，因此效益指标需要随之调整。

2. 评价体系构建思路

根据已有的 BIM 效益评价相关文献和建设项目效益评价理论、信息技术评价的内容及工程项目实际调查的情况，在不违反以上三大原则的情况下，建立本书的有关 BIM 技术进度管理效益评价体系，具体的构造思路如图 2-5 所示。

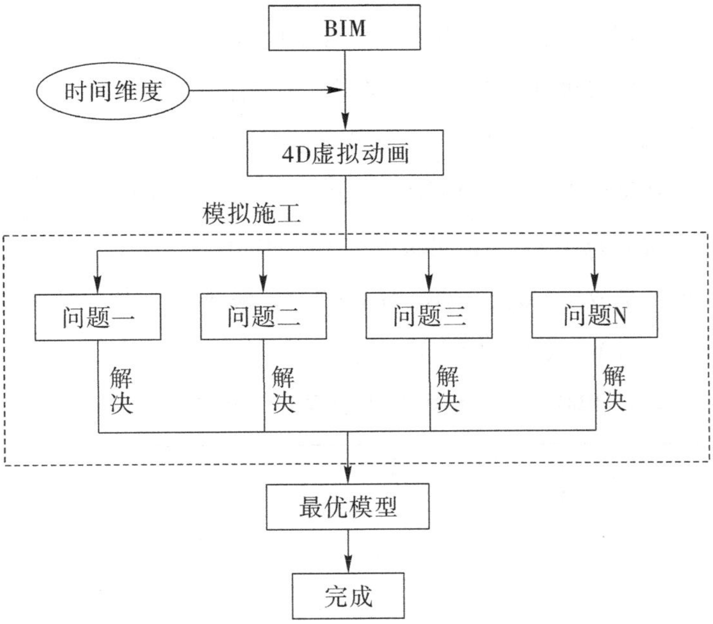

图 2-5　构造思路

3. BIM 效益评价步骤

（1）背景信息收集。在项目筹备阶段，收集项目工程背景资料。

（2）筛选工程的 BIM 技术方案。结合该项目实际情况和合同目标工期要求对 BIM 实施方案进行筛选。

（3）筛选评价指标并制订评价方案。BIM 技术应用前，先对 BIM 效益评价的内容进行界定，选择科学合理的 BIM 评价指标。

（4）收集 BIM 数据。BIM 技术运用时，结合工程实际情况，采集执行时的相关资料。

（5）对数据进行分析。从评价指标来评估 BIM 技术应用所带来的收益，并与 BIM 方案效益预测结果比较，评估 BIM 技术的应用。

（6）得出评价结果。

（二）BIM 技术进度管理效益评价

1. 效益评价模型构建

在实际工程项目的建设活动过程中，BIM 技术应用的发展呈现出从施工阶段向设计和运维阶段辐射的趋势，由此可知施工阶段推广应用 BIM 技术的重要性。建立施工方 BIM 效益评价指标体系，首先需要知道施工过程中的 BIM 应用，并评价 BIM 应用产生的 BIM 效益。其次需要知道 BIM 效益指标的构建原则以及思路。在充分考虑以上因素的基础上，建立科学合理的效益评价指标体系。

通过对 A 项目进度管理利用 BIM 技术的效益评价指标进行确定后，构建下列模型，模型将评价指标分为 3 级，分别为目标层 A、准则层 B 和子准则层 C（见表 2-1）。

目标层 A 是指 A 项目进度管理利用 BIM 技术的效益评价的总目标。目标层 A 下面的准则层 B，其评价指标由运营管理指标、交付成果指标、财务指标组成，分别标记为 B1、B2、B3。各准则层 B 又由下层的子准则层 C 所组成。其中，B1 由以下指标构成：返工减少率 C1、信息请求次数减少 C2、合同履约率 C3、BIM 人才培养 C4、技术应用增长 C5；B2 由以下指标构成：事故率 C6、工期提前率 C7、合格率 C8、优等品率 C9；B3 由以下指标构成：投资回报率 C10、成本降低率 C11。

表 2-1　BIM 技术在 A 项目进度管理中应用的效益评价指标体系

目标层	准则层	子准则层
BIM 技术在 A 项目进度管理中应用的效益评价指标体系 A	运营管理指标 B1	返工减少率 C1
		信息请求次数减少 C2
		合同履约率 C3
		BIM 人才培养 C4
		技术应用增长 C5
	交付成果指标 B2	事故率 C6
		工期提前率 C7
		合格率 C8
		优等品率 C9
	财务指标 B3	投资回报率 C10
		成本降低率 C11

2. 评价方法选择

（1）层次分析法。本书采用层次分析法，确定评价指标权重。这种方法具有系统性、简洁性和实用性等优点，需要定量的数据较少。运用这种分析方法，应从问题的实质及预期目标出发，把问题分为不同构成要素，按要素间的联系与从属关系进行分析，把它们分别归到各个级别，形成结构化的多层次分析模型。最后确定权重，并进行权重排序。在风险识别和分析结果的基础上，对 A 项目进度管理中应用 BIM 技术后的效益指标进行等级划分。

（2）模糊综合评价法。在项目实际效益管理过程中，我们不仅要知道评价指标间权重的排序，还需进行工程总体效益情况或效益等级分析。为有效解决这一难题，可以使用模糊综合评价法，评定工程总体效益等级。

模糊综合评价法是运用模糊数学原理，对具有“模糊性”的事物进行判断的一种系统化分析方法。其由模糊推理演变而来，充分采用定性和定量分析相结合的方法，使精确性和模糊性实现统一，在应对不能使用精确数学语言的复杂情况时有着得天独厚的优势。

在 A 项目中将运用模糊综合评价法，结合层次分析法所得出的评价指标排序，对该项目的整体效益等级进行综合评价。构建模糊综合评价模型的步骤如下。

假设给定两个有限论域：

$$U = [u_1, u_2, u_3, \cdots, u_m] \tag{2-1}$$

$$V = [v_1, v_2, v_3, \cdots, v_m] \tag{2-2}$$

（2-1）式中，U 表示全部评判因素集合；（2-2）式中，V 表示全部评判结果评语集合。评判因素 u_i（$i=1, 2, m$）的单因素评判结果为 $R_i=[r_{i1}, r_{i2}, \cdots, r_{in}]$。

$$R = \begin{vmatrix} R_1 \\ R_2 \\ \vdots \\ R_m \end{vmatrix} = \begin{vmatrix} r_{11} & r_{12} & \cdots & r_{1n} \\ r_{21} & r_{22} & \cdots & r_{2n} \\ \vdots & \vdots & \ddots & \vdots \\ r_{m1} & r_{m2} & \cdots & r_{mn} \end{vmatrix} \tag{2-3}$$

如果 A 为各评判因数的权重分配，$A=[a_1, a_2, a_3, \cdots, a_m]$（$A$ 为因素集合 U 上的一个模糊子集，且满足 $0 \leqslant a_i \leqslant 1$，$\sum_{i=1}^{m} a_i = 1$），则通过模糊计算，得到评语集合 V 的模糊子集（模糊综合评价的结果）：

$$B=A \times R=[b_1, b_2, b_3, \cdots, b_n] \tag{2-4}$$

对多层次（两层及两层以上）进行模糊综合评价，先根据属性掌握内在规律，把评判因素集合划分为若干类，再一一进行模糊综合评价；接着综合分析每类因素的关系，划分评价指标并进行权重排序；最后利用模糊综合评价法确定项目整体效益等级。

3. 效益评价结果

通过前面层次分析法的分析及运算过程所得到的结果，可以得到项目的 3 个一类评价指标的单层次权重排序以及项目所有评价指标的综合权重排序情况。

各判断矩阵（A-B、B1-C、B2-C、B3-C）中各评价指标的单层次权重排序情况见表 2-2。

表 2-2　A 项目进度管理利用 BIM 技术的效益评价结果

目标层	准则层	权重	子准则层	权重
BIM 技术在 A 项目进度管理中应用的效益评价指标体系 A	运营管理指标 B1	0.6533	返工减少率 C1	0.1351
			信息请求次数减少 C2	0.4206
			合同履约率 C3	0.0655
			BIM 人才培养 C4	0.1153
			技术应用增长 C5	0.2633
	交付成果指标 B2	0.2221	事故率 C6	0.0810
			工期提前率 C7	0.5560
			合格率 C8	0.2490
			优等品率 C9	0.1140
	财务指标 B3	0.1246	投资回报率 C10	0.2500
			成本降低率 C11	0.7500

在一级指标的项目整体效益评价中，B1（运营管理指标）占比约为 65.33%，表明在 A 项目进度管理利用 BIM 技术中，运营管理指标占比最大，将直接最终影响到项目最后的效益。

在 B1 所属的运营管理指标中，C2（信息请求次数减少）权重占比为 42.06%，C5（技术应用增长）权重占比为 26.33%，C4（BIM 人才培养）权重占比为 11.53%。在项目执行过程中，这 3 类指标需要重点关注。

在 B2 所属的交付成果指标中，C7（工期提前率）权重占比为 55.60%，C8（合格率）占比为 24.90%，C9（优等品率）占比为 11.40%。这 3 类评价指标占交付成果指标的 91.90%，需要重点考虑。

在 B3 所属的财务指标中，C11（成本降低率），占比较大，达到了 75.00%，需要对该类指标加以关注并采取相应措施。

第三章　BIM技术在建筑工程施工成本控制中的应用

鉴于建筑工程施工阶段成本消耗量大，因此加强工程项目成本控制对建筑企业发展至关重要。然而，传统成本控制方法已不能满足当前建筑企业需求，使用BIM技术控制工程项目成本的需求日益增加。随着信息化的发展，将BIM技术应用到施工阶段成本控制中，可以有效降低项目成本、减少资源浪费，确保中标工程具备一定利润保障。

本章旨在探讨BIM技术在施工成本控制中的应用流程和效果，并结合实际案例进行分析，将为建筑企业提供基于BIM技术的新思路，以实现更有效的施工成本控制。

第一节　建筑工程施工成本控制概述

一、建筑工程施工成本控制国内外研究现状

（一）建筑工程施工成本控制国外研究现状

在国外，很早就开始了建筑工程施工成本控制的研究。20世纪初，科学管理之父F. W. Taylor根据科学测定材料和劳动力消耗标准编著了《科学管理原理》，作为用工领料的标准，奠定了标准成本法产生的基础[①]。在20世纪前中期，随着美国工业进入新的发展阶段，企业规模不断扩大，科技进步的速度也日益加快，从而加剧了行业竞争的激烈程度。为了增强竞争力，企业持续不断地推动成本管理的创新和进步。20世纪50年代初，许多国家都高度重视项目施工成本控制，因此设立了专门的机构，如美国的成本工程师协会、英国的造价师协会、丹麦的CBC系统以及日本的建筑学会成本计划分会。20世纪60年代，由美国国防部推出的“项目成本/工期控制系统规范”中提到了挣值分析法与全寿命周期成本管理理论，为工程项目成本控制提供了新观点。20世纪80年代，在英美等国的管理会计学者的倡导下，战略成本管理的理念逐渐形成，该理念认为，战略成本管理的主要目标是分析企业及竞争对手的成本数据，为管理者提供决策所需信息[②]。

① 隋海燕．浅忆工程施工项目成本控制问题［J］．财会通讯，2014（32）：103-104.

② 乐艳芬．战略成本管理［M］．上海：复旦大学出版社，2008.

Temitope Omotayo 等①在 2020 年运用人工神经网络工具开发了一种结构化的决策方法，用于分析不同施工阶段最合适的成本控制技术（PCCTs）。

Mata Pedro 等②在 2021 年提出一种基于工程经济的风险管理办法，这种方法旨在鼓励项目经理在钻孔灌注桩施工中进行风险管理，包括风险分析和预算审查，以此解决工程项目成本风险问题。

Igwe Uchenna Sampson 等③在 2022 年提出了一个用于现场施工成本控制的自动化资源模型（ARM）的概念框架，使用信息网络技术将其与后台中央系统整合，进行实时数据采集、监测和控制，将支出控制在预定的预算内。涵盖的范围包括自动实时数据收集、施工进度监测等可以使施工方同时获得所有活动的成本影响信息，还可以快速发现任何成本超支的时间与来源，并提出快速补救措施。

总体来看，国外学者对于工程项目施工成本控制的研究主要始于 20 世纪 80 年代，其主要目的为利用成本管理体系为建筑项目的服务，其代表性研究成果为价值工程理论、全寿命成本管理理论、挣值分析法与战略成本管理思想等。而就目前来看，国外学者研究成果主要为成本优化体系、基于信息化建设的成本动态控制模型。

（二）建筑工程施工成本控制国内研究现状

我国在建筑工程施工成本控制方面的发展相对较晚，与国外研究相比，我国在这方面存在较大差距。在改革开放初期，我国开始意识到成本控制的重要性，并逐步开始改善。在改革开放的背景下，工程项目成本控制理论开始得到发展，成为研究的热门课题。众多学者从各个角度对这一课题进行了深入探讨和研究，进一步丰富了该领域的理论体系。

1982 年，我国在鲁布革水电站项目中首次引入国际招标和项目工期、质量、造价管理等现代项目管理方法，进行了实践尝试。这一措施获得了显著的经济效益，为今后的成本管理方法提供了宝贵的借鉴经验。此举标志着我国在工程项目管理领域的现代化迈开了重要的一步，为我国工程建设项目的成本控制和管理提供了新的思路和方法④。

甘露⑤在 2019 年提出了面对信息化时代下工程总承包（EPC）模式的挑战，需要对

---

① Temitope Omotayo，Awuzie Bankole，Ayokunle Olubunmi Olanipekun. An artificial neural network approach to predicting most applicable post-contract cost controlling techniques in construction projects [J]. Applied Sciences，2020，10 (15).

② Mata Pedro，Silva Paula F，Pinho Fernando F S. Risk management of bored piling construction on sandy soils with real-time cost control [J]. Infrastructures，2021，6 (5)：77.

③ Igwe Uchenna Sampson，Mohamed Sarajul Fikri，Dzahir Mohd Azwarie Mat，Yusof Zakaria Mohd，Khiyon Noor Azeyah. Towards a framework of automated resource model for post contract cost control of construction projects [J]. International Journal of Construction Management，2022，22 (16)：3088-3097.

④ 任国强，黄建瓯. 建设项目成本管理理论研究综述 [J]. 西安建筑科技大学学报（社会科学版），2008 (3)：64-69.

⑤ 甘露. 信息化时代 EPC 项目财务核算及成本控制的探讨 [J]. 中外企业家，2019 (35)：65.

EPC 项目的财务核算和成本控制进行深入研讨，为项目的顺利实施提供理论参考。EPC 模式因其规模庞大、资金流量巨大、设计环节繁多等特点，需要全面、系统的财务核算和成本控制方案。

庞斐[①]在 2020 年以 EPC 模式为研究视角对装配式建筑进行成本管控，应用系统动力学构建成本控制数学模型，并通过仿真分析筛选出关键因素，对关键因素提出解决措施，以提高成本控制水平。

王礼霁[②]在 2021 年以某公路项目为研究对象，对该项目成本控制情况运用挣值法进行偏差评价分析，找出成本偏差原因并给予纠偏措施，完善成本控制体系，设定正确成本控制周期，对基于挣值法的公路项目进行成本控制起到促进作用。

隋岩鹏[③]在 2021 年应用成本控制理论和风险控制理论，结合某装配式钢结构工程，从人工、材料、机械、管理和环境 5 个方面提取出 23 个关键因素构建指标体系，该体系对装配式钢结构工程在施工成本风险问题上具有通用性。

魏倩[④]在 2022 年提出项目收尾阶段的成本控制研究。这项研究基于项目验收结算环节，涉及多个不同利益主体的考虑。研究者通过分析项目收尾阶段的成本控制措施，旨在降低工程资金流失，优化项目经济效益，增加企业经济收益。

总体而言，国内在建筑工程项目施工成本控制方面的研究起步相对较晚。然而，国内学者在成本控制方面的研究也较为广泛，并取得了丰硕的成果。但这些研究成果更多地偏向于基础理论方面，在具体实践层面上的应用还需要进一步地探讨。此外，国内工程项目成本控制的研究也存在一些问题，例如缺乏系统性、实用性和可操作性。因此，未来的研究方向应该更加注重实践应用，将理论与实践相结合，研究具有可操作性和实用性的施工成本控制方案，为建筑工程项目的高效实施提供更加科学有效的支持。

二、建筑工程施工成本控制概述

在建筑企业的日常经营中，工程施工成本的控制是确保企业效益的重要手段。

（一）建筑工程施工成本控制内容

在建筑项目的实施过程中，施工成本控制是在确保工期和满足质量要求的前提下，通过采取组织措施、经济措施、技术措施和合同措施等，将成本控制在可控范围内。总之，施工成本控制是建筑项目管理中不可或缺的一环，只有通过科学合理的措施，才能实现对

① 庞斐．基于精益建造的装配式建筑建造成本控制研究［D］．哈尔滨：哈尔滨工业大学，2020.

② 王礼霁．TY 公路项目成本控制案例研究［D］．桂林：桂林电子科技大学，2021.

③ 隋岩鹏．装配式钢结构建筑施工阶段成本风险控制［D］．乌鲁木齐：新疆农业大学，2021.

④ 魏倩．项目收尾阶段的成本控制措施探究［J］．营销界，2022（17）：113-115.

项目成本的有效控制和最大限度的节约。

施工成本控制应贯穿于工程项目的整个过程中，从投标阶段一直到项目竣工验收，这是建筑企业成本管理的重要环节。其中，明确各级管理组织和各级人员的权限是施工成本控制的基础；合同文件和成本计划是施工成本控制的目标；进度报告、工程变更和索赔资料是施工成本控制的动态资料；节省施工成本是施工成本控制的重要工作。

施工成本指在建筑工程项目施工过程中发生的所有生产费用的总和，包括直接成本和间接成本。直接成本是指直接与工程相关的支出，如人工费、材料费、施工机械使用费和施工措施费等，这些费用可以直接计入工程对象。相比之下，间接成本则为准备、组织和管理施工生产所需的费用，如管理人员工资、办公费、差旅交通费等，这些费用无法直接计入工程对象。施工成本构成如图 3-1 所示。

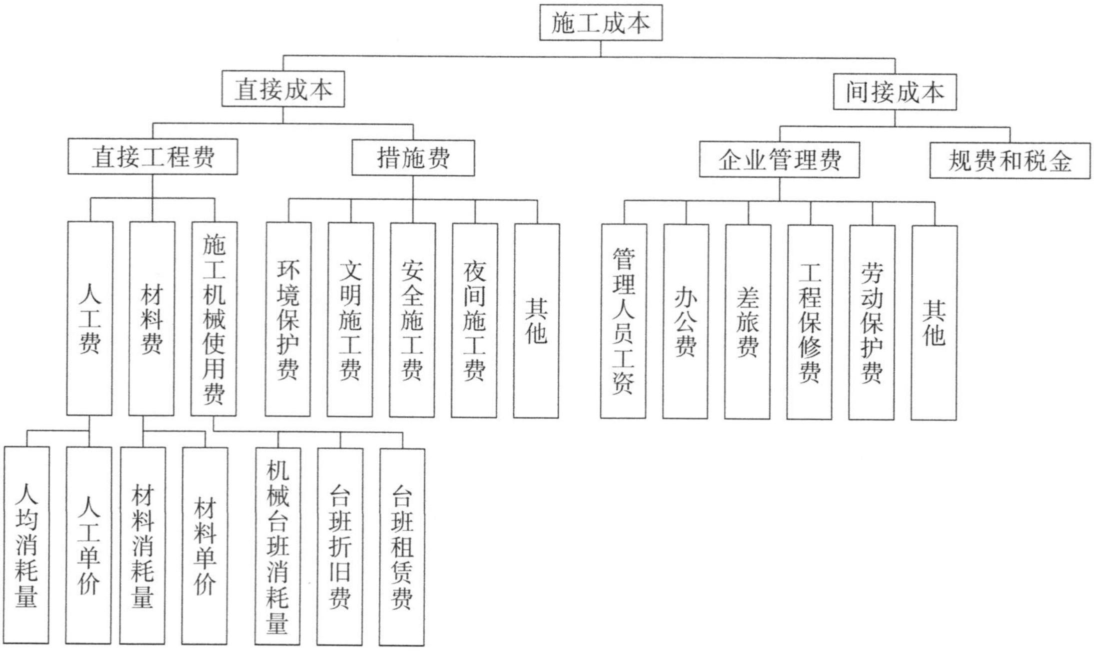

图 3-1　施工成本主要构成

（二）建筑工程施工成本控制原则

1. 全面成本控制原则

全面成本控制包括全员与全过程控制。全员控制涉及项目成本与各部门、单位、班组和每个职工的利益，是考核项目经济效益的关键指标，因此，每个人都应关注项目成本的全员控制，都应承担成本责任，将成本目标贯彻到每个部门和个人。只有真正树立全员控制的观念，才能有效控制项目成本，提高项目经济效益。

成本控制也要做到全过程控制，项目从投标中标到竣工验收交工，都要有成本控制意识。在投标阶段做好成本预测，在施工过程中制订成本计划和成本目标，在竣工阶段进行成本核算和分析，确保项目在全过程中始终处于有效的成本控制之中。

2. 开源节流原则

建筑企业盈利可以从两方面入手，即降低成本支出和增加预算收入。一方面，在施工过程中定期进行成本核算，及时发现成本节省或超支的原因；另一方面，加强合同管理，及时结算合同外的价款，以达到开源节流的目的。

3. 目标管理原则

目标管理原则是设定与分解目标、明确责任实施、监督与评估目标达成结果并及时修正，形成 PDCA 循环（计划、实施、检查和处理），以实现目标管理。成本控制作为管理的一部分，同样需要遵循这一原则。这意味着在成本控制过程中，需要明确成本控制的目标，将其细化并分解到个人和部门，追踪执行情况并及时纠正偏差，最终对成本控制的执行结果进行评估和反馈，形成一个完整的 PDCA 循环，以确保成本控制的有效性和可持续性。

4. 权、责、利三合一原则

在成本控制的过程中，各专业管理人员除了项目经理外，也需要承担相应的责任，共同构建整个项目成本控制的责任制度体系。为了实现成本控制，责任人需要具备一定的管理权限。例如，物资供应人员在采购材料时，应享有选择供应商的权力，以确保材料成本相对最低。因此，建筑企业需要将施工管理责任制度与对项目管理者的激励机制相结合，实现奖惩分明的管理模式，只有这样，成本控制才能够发挥其有效性。在这个权、责、利三合一的管理模式下，每个人都应该承担相应的责任，拥有一定的权限，并在此基础上合理地运用资源，以实现成本控制的良好效果。

5. 动态控制原则

动态控制原则是指在建筑项目开展的过程中，需要对成本进行定期核算，以便及时地发现成本偏差，并根据偏差情况进行调整，确保项目能够顺利地实现预期的成本目标。这个原则强调成本控制是一个动态的过程，而非一次性的操作。在整个项目周期内，需要不断地监测成本变化趋势，及时反馈并进行调整，以最大限度地控制成本，并确保建筑项目能够按时、按质地完成。

（三）建筑工程施工成本控制流程

在施工成本管理方面，如果成本控制不到位，可能是以下原因：首先，事前的策划不够合理，导致成本预算和计划的不准确性；其次，事中的控制行为缺失，如缺乏对施工进度、质量等方面的有效监管；最后，事后缺乏对成本控制的持续改善。为了解决这些问题，本书采用文献研究法，综合多篇关于施工成本控制流程的研究文献①②③，结合成本控制的原则，建立了一个详细的施工成本控制流程，如图 3-2 所示。

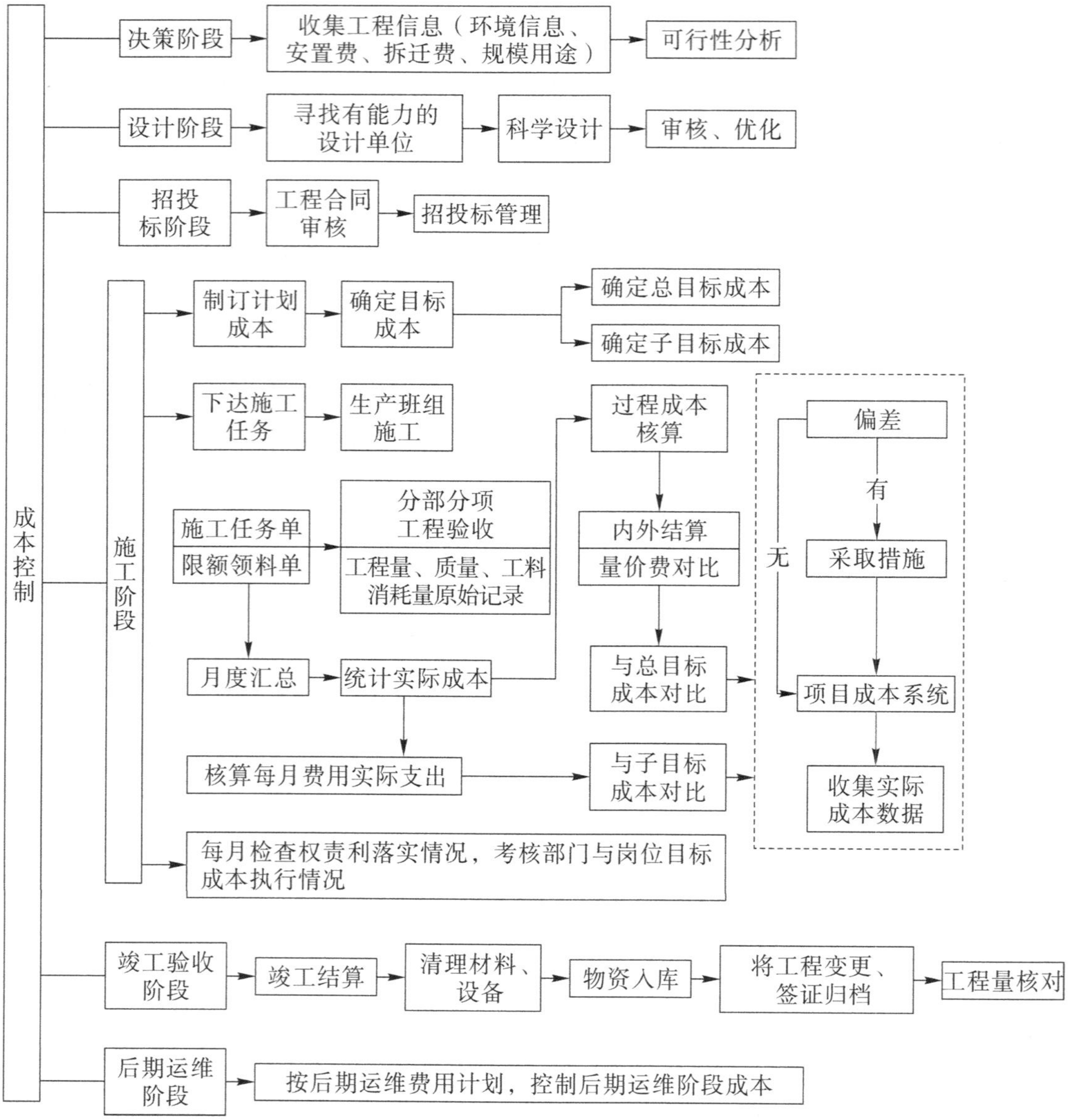

图 3-2　施工成本控制流程

（四）建筑工程施工成本控制方法

1. 挣值分析法

挣值分析法是一种评价工程项目成本控制和进度控制的方法。它通过计算 3 个基本参

① 翟博文，张树理，白杰．基于 BIM 的施工项目部成本控制流程优化［J］．施工技术，2019，48（18）：47-51，63.
② 蒋建华．建筑施工企业项目全周期成本管理与控制［J］．财经界，2022（17）：56-58.
③ 王广宇．BIM 技术在施工项目成本控制中的应用研究［D］．北京：华北电力大学，2020.

数来核算进度和费用偏差值，从而评价项目实施状况。这 3 个基本参数分别为计划工程预算成本（BCWS）、已完工程预算成本（BCWP）和已完工程实际成本（ACWP）。通过比较这 3 个参数的数值，可以判断工程项目的实施情况，并及时采取措施进行调整和改进①，具体评价见表 3-1。

表 3-1　挣值分析法

指标	公式	结果
费用偏差（CV）	$CV=BCWP-ACWP$	当 $CV<0$ 时，表示施工成本超支；当 $CV>0$ 时，表示施工成本节约
进度偏差（SV）	$SV=BCWP-BCWS$	当 $SV<0$ 时，表示施工进度拖后；当 $SV>0$ 时，表示施工进度超前
成本绩效指数（CPI）	$CPI=BCWP/ACWP$	当 $CPI<1$ 时，表示施工成本超支；当 $CPI>1$ 时，表示施工成本节约
进度绩效指数（SPI）	$SPI=BCWP/BCWS$	当 $SPI<1$ 时，表示施工进度拖后；当 $SPI>1$ 时，表示施工进度超前

2. 价值工程法

价值工程法是分析施工成本与功能之间关系的方法，在实现业主对功能要求的前提下，降低施工成本。其公式为 $V=F/C$，式中，V 代表价值，表示评价功能的标准；F 代表功能，表示产品的用途、作用和职能；C 代表成本，表示施工成本②。其工作流程如图 3-3 所示。

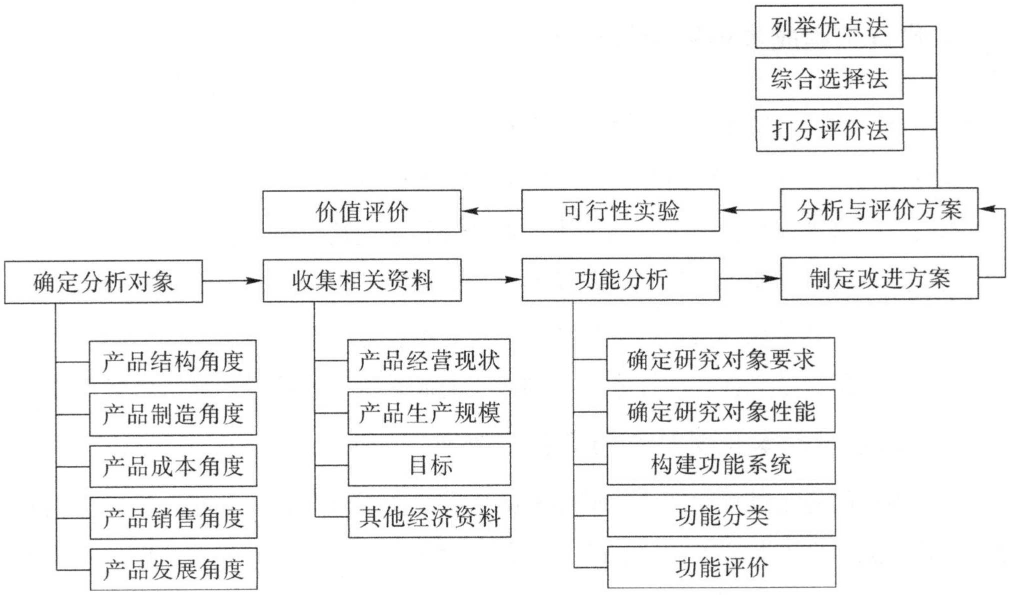

图 3-3　价值工程的工作流程

① 吴翼虎．基于挣值理论的工程项目施工成本控制方法研究［J］．价值工程，2020，39（18）：66-67.

② 张彭鹏．基于价值工程理论的建设项目施工成本控制研究［D］．锦州：辽宁工业大学，2019.

3. 工作分解结构法

工作分解结构（WBS）是一个逐级细分的层次结构，用于将大型项目分解成多个小型、易于管理和控制的工作单元。WBS 在施工成本控制中扮演着重要角色，它将施工项目划分成不同的分项，再将每个分项进一步细分为具体的工作任务。通过制定各分项的目标成本，项目团队可以更好地控制施工成本。WBS 主要以树形层次结构图的形式表达，这种形式清晰易懂，直观性强。在施工成本控制中，WBS 可用于对工程项目进行层层分解，以生成相应的工作分解结构图①，如图 3-4 所示。

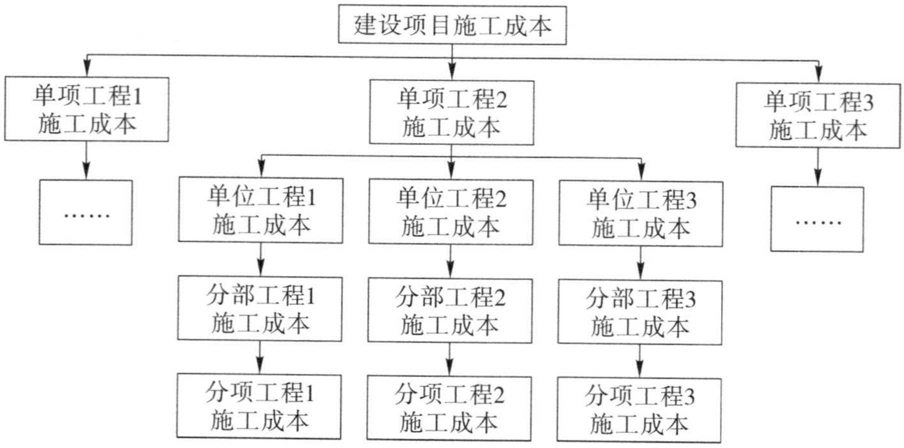

图 3-4　工作结构分解

三、建筑工程成本控制现状分析

（一）权、责、利体系有待进一步完善

在建设工程项目的管理过程中，成本管理体系应以项目经理为核心，通过制定权、责、利相结合的管理体系，确保项目成本的控制和管理。这个管理体系需要对各部门主管及管理人员进行约束和激励，以实现预期的管理效果。然而，目前在我国建筑工程项目成本控制过程中，企业的权、责、利管理体系并不完善，存在以成本管理主管为中心的传统观念。这种观念阻碍了工作积极性和技术创新，进而影响工程项目的成本控制与管理。

（二）工期对成本控制的影响需引起重视

在工程项目的施工过程中，施工成本和施工进度密不可分，二者相互影响。随着工期的延长，施工成本也不断增加，这包括人工费、设备费等各方面的成本。但是，如果盲目缩短工期，则需要更多的资源投入，并且可能会导致质量问题的出现。因此，如何在控制工程进度的同时有效地控制施工成本是传统成本控制问题的难点。

① 林迟．云建中学建设项目在施工阶段的成本控制研究［D］．昆明：云南大学，2018.

（三）对动态成本控制的重视需要加强

在施工成本控制过程中，施工成本是动态变化的，因此施工管理人员需要在整个项目周期内对成本进行跟踪和控制。然而，现实中往往存在一种现象，即施工管理人员只重视事后的成本核算，忽视了事前和事中的过程控制。这种现象可能是由于在事前阶段对目标成本不明确、对成本信息了解不及时以及在事中阶段对成本控制不主动、对成本管理数据更新不及时所导致的信息共享程度低和纠偏延误等所致。这些问题都会对施工成本的控制和管理造成影响，进而导致成本的增加。

（四）精细化管理有所欠缺

在人员管理方面，工程施工现场往往人员数量庞大、流动性强，其中民工占大多数。如果没有规范的岗前培训和统一的操作标准，施工质量与管理将难以得到保障，这不仅对施工过程中的安全和效率造成影响，同时也不利于成本控制。

比如，在材料管理方面，缺乏前期材料和物资计划会导致材料堆放不合理，库存管理难度加大，增加二次搬运和浪费材料、人工、工期的风险，这不利于成本控制；在机械管理方面，机械器具缺乏看管和防护，容易导致损耗大、性能降低，增加维修费用和降低使用率，这不仅会影响施工的效率和质量，同时也会增加施工成本。

第二节　BIM 技术在建筑工程施工成本控制中的应用分析

本节将对 BIM 技术在建筑工程施工成本控制中的可行性分析和应用模式分析进行介绍，并介绍基于 BIM 技术的建筑工程施工成本控制的评价分析方法。

一、BIM 技术在建筑工程施工成本控制中的可行性分析

（一）BIM 技术在建筑工程施工成本控制中的应用现状

2021 年 4 月，住房和城乡建设部召开《中国建筑业信息化发展报告（2021）》编写启动会，明确提出了大力发展数字设计、智能生产、智能施工和智慧运维，加快 BIM 技术的研发和应用①。随后，各地相继发布了关于 BIM 技术应用的指导和政策。尽管各地的政策不尽相同，但应用路径大同小异，都是以全生命周期式集成应用为目标。以济南市为例，济南市住房和城乡建设局发布了《关于促进济南市建筑信息模型（BIM）技术集成应

① 本刊编辑部．聚焦智能建造，探索高质量发展路径：《中国建筑业信息化发展报告（2021）》编写工作正式启动［J］．中国建设信息化，2021，135（8）：30-31.

用发展的实施意见》，对 BIM 的应用场景进行了详细规定①，具体如下。

1. 建设管理

首先，建设单位需要建立基于 BIM 技术的决策管理机制，同时建立基于 BIM 技术的建设管理流程和统一的 BIM 信息管理平台，以支持各参与方数据交换和协同工作。其次，需要建立 BIM 技术应用评价机制。

2. 设计阶段

首先，设计单位需要建立一个由多专业信息集成的 BIM，包括建筑、结构、给排水、暖通等方面的信息。其次，应当使用 BIM 技术开展能耗、日照等建筑性能分析，优化设计方案并将结果反馈到 BIM 中。最后，还应当加强对设计成果的审核，并利用碰撞检查等方法来减少设计质量方面的通病。

3. 施工阶段

首先，施工单位需要加强与设计单位之间的协同，深化 BIM 设计成果，并将其应用于施工生产和管理中。其次，施工单位需要加强对 BIM 的动态管理，对施工组织、进度、质量、成本、安全等方面的信息进行管理和优化。最后，还应当严格审核竣工成果，并实行 BIM 成果与二维图纸信息同时交付。

4. 运维阶段

首先，运维单位需要根据实际运维需求，进一步完善 BIM 竣工模型。运维单位应采用 BIM 运维管理平台进行可视化管理，监控运维过程中的各项指标，以便于随时掌握项目的运行状况，并对局部变更进行及时的维护和更新。其次，运维单位还应当应用 BIM 运维平台进行消防、抗震、防洪等方面的灾难演练，并及时发现和解决潜在的安全隐患，提高安全管理的能力。

（二）BIM 技术在建筑工程施工成本控制中应用的难点分析

1. BIM 技术在建筑工程施工成本控制中的现存问题

BIM 技术在建筑工程施工成本控制方面的应用，关键是建立一个精准的三维建筑模型。然而，目前 BIM 软件中的模型精度一直是制约 BIM 发展的瓶颈，尤其是 Revit 中的族库。虽然网络上已经有了很多族库资源，但其适用性不高，导致模型精度无法得到保障。

BIM 模型与其他相关技术的对接也存在一定的问题，如 VR、PKPM 等软件还需要通过第三方软件或插件来实现数据流通，并且需要进行二次检验，耗费较大的时间和人力

① 济南市住房和城乡建设局．关于促进济南市建筑信息模型（BIM）技术集成应用发展的实施意见［EB/OL］．（2021-10-18）［2024-07-20］．http：//jncc. jinan. gov. cn/art/2021/10/18/art_ 40602_ 4766911. html.

成本。

此外，国内 BIM 技术人才相对较为匮乏，尤其是施工单位，由于其 BIM 基础较弱，难以充分实现 BIM 技术的应用。因此，需要加强对 BIM 技术人才的培养和引进，提高 BIM 技术在施工阶段的应用水平。

2. BIM 技术在建筑工程施工成本控制中的机遇

首先，政策在助力。住房和城乡建设部在 2022 年 1 月发布《“十四五”建筑业发展规划》，提到“到 2025 年，基本形成 BIM 技术框架和标准体系”①；6 月发布《城乡建设领域碳达峰实施方案》，也提出利用 BIM 技术和城市信息模型平台等，推动数字建筑、数字孪生城市建设，加快城乡建设数字化转型②。

其次，技术在助力。随着信息化的不断发展和计算机技术的不断提高，各种新兴技术被不断开发出来，为 BIM 应用提供了更加全面和有效的辅助。例如，系统仿真技术可以通过仿真运算来推测建筑建成之后的形态，从而实现控制进度节省成本的目的。虚拟现实技术（VR）则可以通过传感器等设备实现用户身临其境的感受，为建筑设计和施工过程提供更加精确和直观的体验。

最后，大数据和云平台等信息手段也为 BIM 技术的全过程实施管理和统一数据库提供了有力支持，为 BIM 技术的多维发展提供了广阔的空间。同时，国内的软件厂商（如广联达、鲁班、斯维尔等）也在大力研发和推广 BIM 应用软件，并不断完善其功能。

3. BIM 技术在建筑工程施工成本控制中的挑战

在 BIM 技术的应用过程中，核心建模软件的应用是至关重要的一环。目前在国际上，Autodesk Revit 系列和 Archi CAD 系列等软件已经成为主流。然而，在国内，除了具备一定基础优势的算量软件外，建模软件的供应相对较为缺乏，仅有像 PKPM、鲁班、广联达等公司自主开发的软件。开发一款优秀的建模软件不仅需要技术实力，更需要经过版本迭代和应用经验的不断积累和提升。因此，这是目前国内软件厂商所面临的重要挑战。

（三）BIM 技术在建筑工程施工成本控制中的应用优势

1. 工程效率的提升

在传统的施工成本控制中，通常采用基于二维图纸的方式进行施工算量，这种方法存在着工作量大、速度慢、更新不及时等缺点。BIM 技术的应用，可以将三维建筑模型与进度和成本概念相结合，形成 BIM5D 模型，也称为成本数据库。通过这种方式，可以方便

① 住房和城乡建设部．“十四五”建筑业发展规划［EB/OL］．（2022-01-19）［2024-07-20］．http：//www.gov.cn/zhengce/zhengceku/2022-01/27/content_ 5670687.html.

② 住房和城乡建设部．城乡建设领域碳达峰实施方案［EB/OL］．（2022-06-30）［2024-07-20］．http：//www.gov.cn/zhengce/zhengceku/2022-07/13/content_ 5700752.htm.

地提取工程量报表，快速进行成本调整，减少工作量，提高准确率，最终提升工程效率。

2. 成本数据的可追溯性

在传统的工程项目中，从规划、设计到后期运维的全过程中，涉及的参与方较多，导致成本数据无法及时共享和更新。然而，基于 BIM 技术的全过程模型可以为各方参与者提供数据共享平台，形成完整的成本数据档案，实现成本数据的延续。

3. 成本动态控制能力提升

BIM 技术具有可视化的特点，在 BIM5D 成本管理模型中，通过将建筑模型与进度和成本数据相结合，实现了对施工过程的全面监控和管理。其具有对资源的动态管理和成本的实时监控的功能，可以对任意时间段的工程进度进行成本实时查询和统计分析，帮助管理人员全面把握工程的实时进展情况，提高成本动态控制的能力。

（四）BIM 技术在建筑工程施工成本控制中的道斯矩阵

道斯矩阵（SWOT 分析法）是一种综合性的分析方法，可以对研究对象的内外部条件进行概括，并分析其优势（Strengths）、劣势（Weaknesses）、机会（Opportunities）和威胁（Threats），使研究对象变得更加明朗。

结合上文 BIM 技术在施工成本控制的研究，建立道斯矩阵，见表 3-2。

表 3-2　道斯矩阵

项目	优势（S） 工程效率的提升；成本数据的可追溯性；成本动态控制能力提升	劣势（W） 族库资源的适用性不高；软件数据流通困难；BIM 技术人才匮乏
机会（O）	增长型战略（SO）	扭转型战略（WO）
政策推动数字建筑发展；技术为 BIM 应用提供助力；信息手段助力 BIM 数据库统一；国内软件厂商助力 BIM 软件推广	借助政策推动形成 BIM 技术标准体系；借助 BIM 技术提高工程效率；统一 BIM 数据库使成本数据可追溯	借助 BIM 数据库丰富族库资源；国内软件厂商积极开发软件插件；借助政策构建 BIM 培训平台；培养 BIM 技术人才
威胁（T）	多种经营战略（ST）	防御型战略（WT）
国内建模软件缺乏；软件开发成本高	国内软件厂商与建筑企业合作，研发本土所需 BIM 成本控制软件	国内软件厂商加快 BIM 软件集成化，降低建筑企业投入软件成本

通过道斯矩阵分析，可得出 BIM 技术在施工成本控制中具有 4 种战略价值，表明 BIM 技术可以更好地应用于施工成本控制中。

二、BIM 技术对建筑工程施工成本控制的应用模式分析

（一）业主方主导的 BIM 应用模式

在工程项目建设全过程中，应用 BIM 技术可以使业主方获益，特别是在后期运维阶段。因此，以业主方为主导的 BIM 应用模式，更适用于项目全过程中利用 BIM 技术对项目的成本进行控制后获益。该模式分为两种，一种是由业主方组建专门的 BIM 团队进行自主管理，另一种是由业主方委托第三方咨询单位进行管理，具体内容如下。

1. 设计阶段

业主方/咨询单位可以将 BIM 作为与设计单位沟通交流的平台，有效监督和管理设计进度；同时，可以通过碰撞检测功能及时反馈给设计单位。

2. 招投标阶段

业主方/咨询单位可以利用 BIM 的可视化特点对投标方案进行评审，BIM 能够统计工程项目在不同环境下的工程量变化，从而对成本和工期的变化进行预测，以选择最佳方案。

3. 施工阶段

业主方/咨询单位利用 BIM 技术进行施工方案模拟与优化，对施工进度进行控制，确保工程项目质量。另外，以 BIM 为媒介，业主方可更加方便地了解现场情况，合理安排进度款的支付。

4. 运维阶段

业主方/咨询单位利用 BIM 集成工程项目全过程的工程信息，以辅助工程项目后期的运维管理。

综上所述，业主方/咨询单位以 BIM 为中心应用于各个阶段，当各个阶段出现问题时反馈给 BIM，业主方/咨询单位再通过 BIM 的反馈信息进行决策，形成一个循环管控的应用模式，而业主方/咨询单位在这个过程中拥有绝对的控制权。

（二）施工单位主导的 BIM 应用模式

以施工单位主导的 BIM 应用模式主要体现在招投标阶段和施工阶段中，具体内容如下。

1. 招投标阶段

施工单位可以利用 BIM 技术快速提取和统计工程量，这是招投标阶段的核心工作。此外，利用 BIM 技术进行施工模拟，能够更好地表达施工组织内容和管理方法，从而增加中

标机会。

2. 施工阶段

在事前阶段，施工单位可以利用 BIM 软件进行碰撞检查及优化出图，保证与实际施工时情况一致；利用 BIM 软件三维布场，规划施工道路，提高临建现场布置效率；将施工方案和进度计划结合进行施工模拟，制作施工动画进行技术交底，提高工程效率。

在事中阶段，施工单位可以利用 BIM 技术将进度计划、工程量清单和三维模型结合，实时跟踪记录实际数据，为成本核算和分析提供数据支持；利用 BIM5D 平台提取材料计划和实际用量对比图，实现物料跟踪管理；提取 BIM 中计划产值与实际产值，结合实际施工中人材机费用，实现多算对比与成本动态分析。

在事后阶段，施工单位可以利用 BIM 将施工过程中的相关合同、材料管理、设计变更等工程信息不断收集更新形成项目竣工模型，实现竣工信息集成管理，提高结算效率，同时减少工程索赔争议问题。

（三）设计单位主导的 BIM 应用模式

设计单位主导的 BIM 应用模式主要体现在设计阶段中，具体内容如下。

1. 协同设计

BIM 不仅具有三维立体特点，还能够附着构件的工程信息，使各专业之间的数据具有关联性，为协同设计提供底层数据支持。设计单位中各专业团队基于 BIM 协同设计平台工作，通过实时协同的工作方法，及时解决设计错误，提高设计质量。

2. 性能化分析

设计单位可以利用 BIM 软件进行光照、能耗、消防疏散等建筑性能分析，使原本需要耗费人工和时间成本的过程能够自动便捷地完成，缩短性能分析的周期，提高设计质量。

3. 设计变更

设计单位可以利用 BIM 技术构建各专业模型并进行汇总，进行碰撞检测、管线综合，避免工程实际变化及各参与方不协调导致的设计变更和后期返工，节省项目成本。

综上，将 3 种应用模式进行对比，具体见表 3–3。

表 3–3　3 种应用模式对比

应用模式	应用侧重阶段	应用主要内容	应用效果	适用规模
业主方/咨询单位主导	全过程	全阶段应用	全面但深度有限	大型复杂项目
施工单位主导	招投标阶段、施工阶段	工程量统计、施工模拟、优化出图、资源精细化管理、成本动态控制、结算与索赔	对施工成本控制应用具有深度	中小型项目

续表

应用模式	应用侧重阶段	应用主要内容	应用效果	适用规模
设计单位主导	设计阶段	协同设计、性能设计、设计变更	在施工、运维阶段效果微弱	中小型项目

三、BIM 技术对施工成本控制的评价方法

（一）层次分析法

基于 BIM 技术的施工成本控制的影响因素繁多且复杂，而层次分析法正好适用这种由相互关联、相互制约的众多因素构成的复杂系统。利用层次分析法可以将这些影响因素构建成一个简洁明了的评价指标体系。

层次分析法的基本步骤如下。

（1）建立层次结构模型，主要包括目标层、准则层和方案层，如图 3-5 所示。

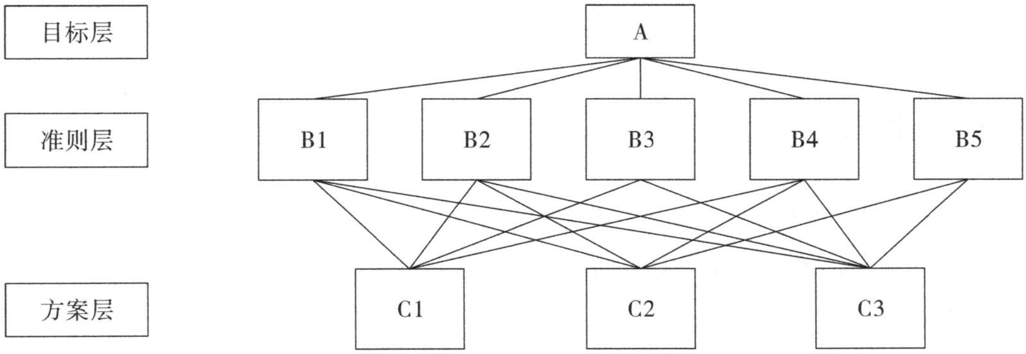

图 3-5　层次结构模型

（2）建立判断矩阵，利用 1~9 标度法以专家评分的方式构造判断矩阵。

（3）计算指标权重，利用特征值法求最大特征值以及其对应的特征向量，特征向量归一化后得到指标权重。

（4）一致性检验。

（二）模糊综合评价法

模糊综合评价法是一种基于模糊数学的综合评价方法，旨在将定性评价转化为定量评价，具有去模糊性、系统性强、结果清晰等特点。在构建基于 BIM 技术的施工成本控制综合评价模型时，模糊综合评价法需要确定各个评价指标的权重，这是实现该方法的前提条件之一。为了更好地确定权重，可以将模糊综合评价法与层次分析法进行结合。通过这种结合方式，可以更加准确地评估和控制基于 BIM 技术的施工成本控制的影响因素，提高成本控制的质量和效率。同时，该方法还可以有效地处理数据不确定性和主观性问题，为决策者提供科学的决策依据和决策支持。

模糊综合评价法的基本步骤如下。

（1）确定因素集 U，由评价指标组成。

（2）确定评语集 V，由评价指标所代表的评价等级组成，如好、较好、中等、差、较差 5 个等级。

（3）确定权重集 W，由层次分析法得出的权重向量组成。

（4）建立模糊综合判断矩阵 R。

（5）综合评判，等到综合评判结果 B。

第三节　BIM 技术在建筑工程施工成本控制中的应用实例

本节选择了广东省珠海市的某工程项目进行实证分析，详细介绍了 BIM 技术在该项目中的应用过程，并展示了其应用效果。接下来，采用基于 BIM 对施工成本控制的效果评价模型，对该项目施工成本控制的效果进行评价，并分析 BIM 技术在该项目中所带来的实际成本效益。

一、项目概述

（一）项目概况

该项目为广东某学院主教学楼工程项目，位于广东省珠海市，北侧为图书馆，西侧为第六食堂。

该项目工程总建筑面积 37724.03 平方米，总用地面积 13060.04 平方米，其中地上建筑面积 31606.03 平方米，地下建筑面积 6118 平方米；建筑高度 23.9 米，建筑层数 7 层，其中地上 6 层，地下 1 层；地下一层设有停车场，地上部分为报告厅和教室。该项目人防工程类别及防护等级为丙级，人防建筑面积 5245 平方米；设计使用年限 50 年，主要结构类型为框架剪力墙结构，抗震设防烈度 7 度；地面建筑耐火等级为二级，地下建筑部分耐火等级为一级。该项目为教学楼项目，主要用于教学教务需求。

（二）项目应用 BIM 技术的背景

该项目应用 BIM 技术进行施工成本控制有以下几点原因。

1. 建设工期问题

由于该项目为主教学楼，需要尽快投入使用，加之单体建筑体量较大，施工工期较为紧张。使用传统施工管理方法存在较多风险因素，如工期和成本控制等难以把握，因此采用 BIM 技术进行工程项目管理，从而可以科学合理地安排建设进度，减少施工成本增加的风险。

2. 场地协同问题

由于该项目两侧为食堂与图书馆，学生流量大，同时施工以及劳务队伍人员相对较多，导致施工场地狭小，因此设备与材料的堆放受到了很大的限制，进而增加了现场管理的成本。为了解决这一问题，该项目采用 BIM 技术进行施工场地模拟布置，通过三维模型优化布局，避免了二次搬运设备与材料，这有效降低了施工成本。

3. 协调性问题

该项目主要内容为阶梯教室与办公室且需精装修交付，机电管线复杂，施工工序交叉，通过应用 BIM 技术进行碰撞检查、管线排布和预留洞口，可解决协调性问题。

二、项目应用 BIM 的配置情况

（一）团队架构及分工职责配置情况

该项目是以咨询单位为主导的 BIM 应用模式，根据项目的规模配备充足的人力资源，以保证项目的质量与进度。该 BIM 团队总共 18 人，建模技术人员有 9 人，为了达到建模的进度要求和高标准的模型质量，分工以技术总监为中心，其他成员一共分为 5 组，包括土建组、结构组、机电组、场地组和造价组，团队架构如图 3-6 所示，岗位职员配置情况见表 3-4。

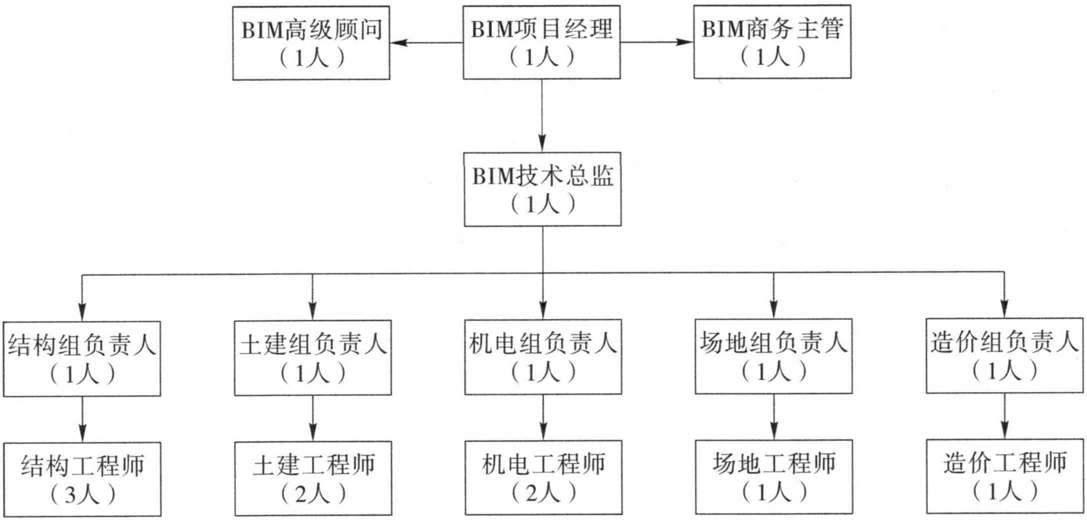

图 3-6　团队架构

表 3-4　岗位职责配置情况

岗位	职责
BIM 项目经理	保证项目实施期间信息的一致性以及充分发挥 BIM 团队合作的作用
BIM 高级顾问	在项目实施期间为团队成员提供技术指导，解决遇到的各种问题

续表

岗位	职责	
BIM 商务主管	在项目实施过程中，负责协调与各参与方的成本对接工作	
BIM 技术总监	参与项目实施中的 BIM 决策，制订 BIM 工作计划，评估 BIM 实施项目，保障监督 BIM 实施环境，协调并监督工作人员为各项目建立软硬件及网络环境	
BIM 专业负责人	结构/土建/机电/场地/造价	负责内部任务分工和协调，将每天的工程进度和问题记录在 BIM 中，以供项目经理作出决策；是最直接的操作者和信息提供者
BIM 工程师	结构	制作结构样板；结构方面建模；模型细化检查并导出明细表；编写问题报告与汇报文件
	土建	制作土建样板；土建方面建模；外墙装饰；编写问题报告与汇报文件
	机电	制作机电样板；机电方面建模；编写问题报告与汇报文件
	场地	制作项目场地；施工模拟；完成场地布置并制作施工模拟动画；编写问题报告与汇报文件
	造价	工程量算量；计价软件计价；提供原始预算文件或钢筋模型；编写问题报告与汇报文件

（二）项目 BIM 实施流程

1. 工作阶段划分

为满足提前一个月完成项目的要求，可以根据实际施工进度建立模型，并提前进行制订各分部分项的施工方案、材料准备、资金使用计划等工作。在特殊情况下，如果项目需要在施工前完成所有专业模型搭建并满足实际施工要求，则可以增加 BIM 工程师人数并制订详细的 BIM 搭建进度计划，以确保在实际施工开始前完成相关工作。另外，企业级 BIM 技术中心可以协调其他项目 BIM 技术团队对本项目进行合作模型搭建，并由本项目 BIM 项目经理统一安排工作界面划分、工作配合等相关工作，具体如图 3-7 所示。

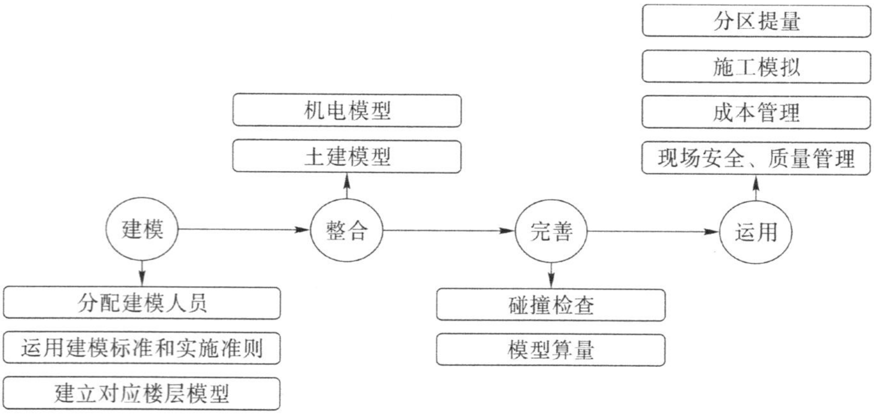

图 3-7　工作阶段划分

2. 技术路线

该项目的设计图纸按区域划分。由于各专业之间的协同工作尤为重要，因此在建模时，按照总体架构分为土建和机电两个模块，并采用分层建模的方式拆分模型，土建模块与机电模块之间的协同组合将形成最终的模型，具体如图 3-8 所示。

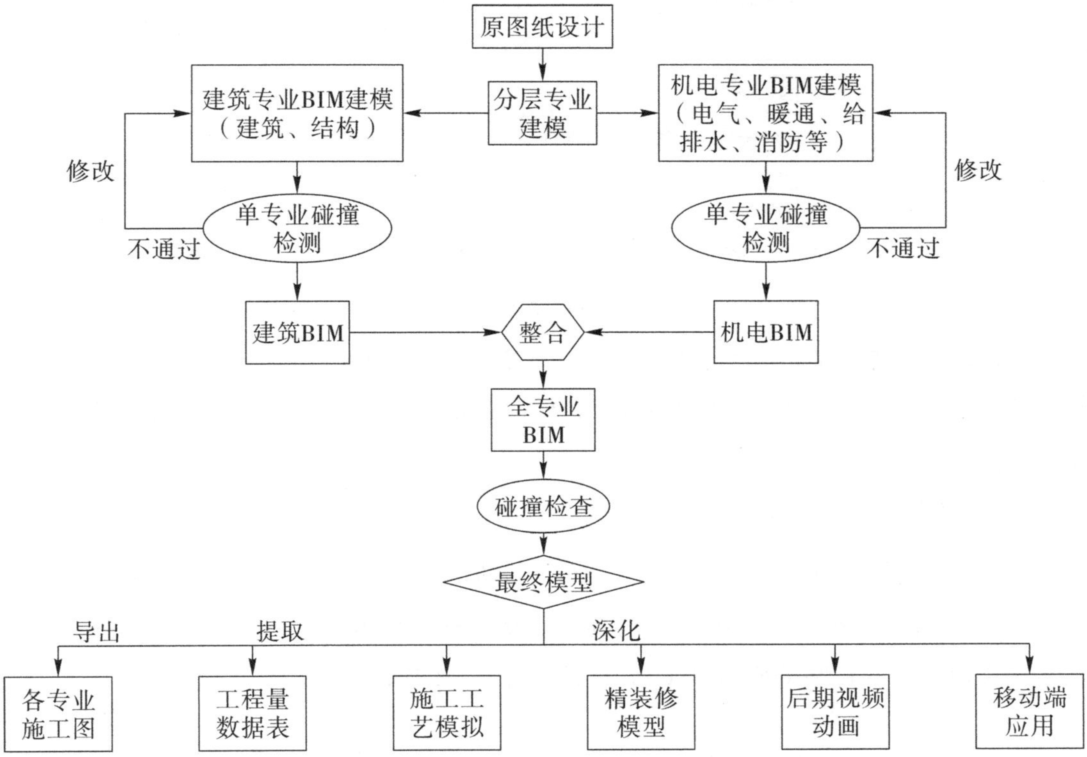

图 3-8　技术路线

三、BIM 技术在建筑工程施工成本控制中的应用

（一）BIM 建模阶段

1. 族库模型

Revit 族库中大部分内容能满足日常建模需求，但部分构件模型需为项目专门建设应用，如场地组、机电模型中的给排水和空调组。要提前制作好参数化组为项目建模做准备。

2. 建筑模型

该项目由小组与小组之间分层分专业协同进行，建筑模型由土建组分层进行建模，并对构件进行信息输入。例如，柱单元构建步骤为：建筑项选项卡—新建柱—编辑类型—族（矩形柱）—类型：457 毫米×475 毫米，构件信息如图 3-9 所示。

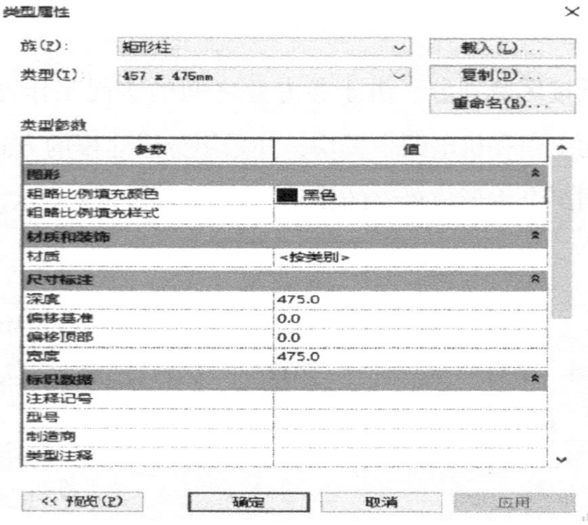

图 3-9　构件信息

土建组分层建模完成后进行整合，整合后的三维建筑模型具有可视化、信息化、协同性的特点。其中可以利用剖面框直观地看到模型内部的构造；可以提前为梁、柱等构建预留位置。

3. 结构模型

结构模型由结构组分层进行建模，并对构件进行信息输入，这里要注意族库的不同。例如，柱单元构建步骤为：结构项选项卡—新建柱—编辑类型—族（混凝土—矩形—柱）—类型：1F-CKZ9-600×600-C30，构件信息如图 3-10 所示。

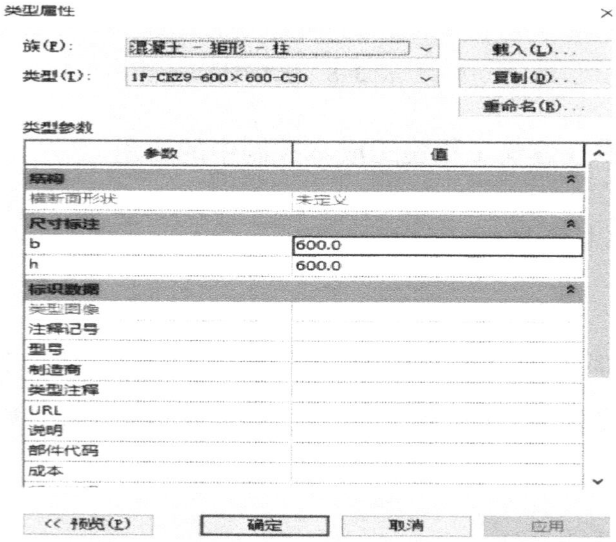

图 3-10　构件信息

结构组分层建模完成后，将其进行整合，整合后的三维结构模型具有可视化、信息化、协同性的特点。其中可以利用剖面框直观地看到模型内部的构造。

4. 机电模型

机电模型由机电组分层协同进行建模，并赋予每一层电气、暖通、给排水专业等构件信息。其中每个构件都有对应的系统类型，机电模型可以通过过滤器对不同类型管道区分不同颜色。

机电组分层建模完成后进行整合，其中可以利用剖面框结合建筑模型直观地看到模型内部的构造。

5. 精装修模型

该项目将 Revit 建筑模型通过 Lumion to Revit 插件导入 Lumion 软件中进行室内家具提前布置并进行精装修展示，用于指导装修施工，模型效果如图 3-11 所示。

图 3-11　报告厅 Lumion 模型

6. 场地模型

通过 Revit 软件可以制作场地模型为施工模拟以及后期漫游可视化展示做准备，本项目场地模型如图 3-12 所示。

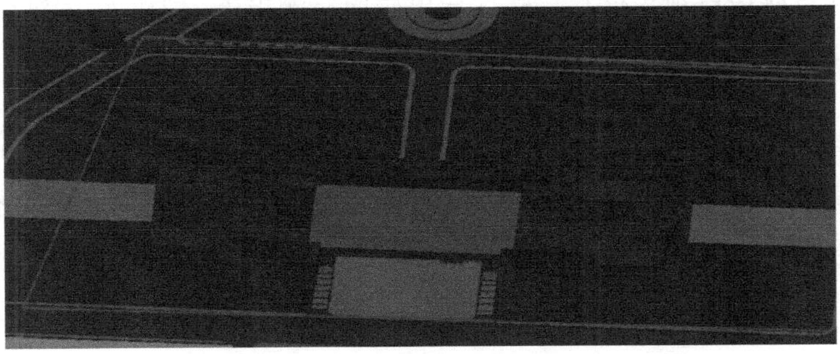

图 3-12　主教学楼场地模型

7. 广联达模型

该项目将 Revit 建筑与结构模型通过 Revit to GFC for GTJ 插件导出为 GFC2 格式文件，然后通过广联达 GTJ2018 软件导入 GFC2 文件得到广联达模型。导出前设置好工程概况、楼层转化、构件转化与构件楼层归属，避免模型出错。因为 Revit 与广联达 GTJ2018 软件对于构件的建模规则不同，部分构件导出异常导致构件丢失，造价组人员通过 Revit 导出报告对广联达模型进行绘制补充。广联达模型的建立可以方便后续工程量的提取。

（二）BIM 运用阶段中的施工准备阶段

1. 碰撞检查

在初级建模后，需对各专业之间进行碰撞检查。Navisworks 软件可以将 Revit 中的三维模型进行压缩，总体显示细节不变，能使模型整合、碰撞检查、模型渲染等功能更流畅、高效。

该项目将建筑、结构、机电的 Revit 模型导出为 NWC 文件，将模型在 Navisworks 软件中集成，利用碰撞检查功能分层进行检测。在管线与建筑的碰撞检测中发现碰撞点 18062 个，一层建筑结构与机电设备冲突较为严重，发现碰撞点 5544 个，部分碰撞点所造成的冲突严重影响建筑的使用功能。经过排查有效碰撞点为 7963 个，将每个碰撞点分配标注好核准者与问题注释，并将碰撞点视角保存，然后导出碰撞检测报告，为后续图纸会审做准备。

2. 管线综合

机电专业的各种管线纵横交错、错综复杂，而给排水、消防等专业的管线图纸通常都是分开设计的。这种设计方式导致在实际施工过程中，经常出现管线布置不规范、相互碰撞甚至无法安放的情况。这不仅直接导致了质量返工、材料浪费、观感混乱，而且严重的还可能延误工期。因此，必须对管线之间进行碰撞检查。

同上，将机电专业利用碰撞检查功能检测。在机电专业的碰撞检测中发现碰撞点 1475 个，部分碰撞点所造成的冲突严重影响建筑的使用功能。将每个碰撞点分配标注好核准者与问题注释，并将碰撞点视角保存，然后导出碰撞检测报告，为后续图纸会审做准备。

3. 预留洞口

该项目通过 Revit 模型渲染与漫游，将集成后的三维模型进行简单渲染。然后对各层进行漫游，每层四周设置 18 个关键帧进行漫游，根据专业的协同发现部分结构模型需要给机电模型进行预留孔洞。

4. BIM 图纸会审

该项目模型建模的关键在于各专业的协同。BIM 图纸会审相较于传统方法，其利用了三维模型的可视化与协同性，使问题更加清晰直观，使工程效率大幅提升。

该项目的 BIM 图纸会审流程分为图纸发放、收集问题、解决问题和资料盖章存档这 4 个环节。首先，图纸发放的顺序为设计方、甲方、监理、总包、施工专业负责人。其次，收集问题与解决问题是这 4 个环节的重中之重。在图纸会审时各参与方对模型审查、CAD 图纸和碰撞检查报告同时比对，从单专业碰撞到多专业碰撞，结合碰撞视角与 CAD 图纸逐个进行解决。当出现理解偏差时，参会人员通过三维模型与碰撞检查报告确认 CAD 图纸问题并提出解决方案，会后将解决方案编写成会审记录进行保存，以便建模人员会后修改。最后，将会审记录与图纸等资料进行盖章存档。BIM 图纸会审流程如图 3-13 所示。

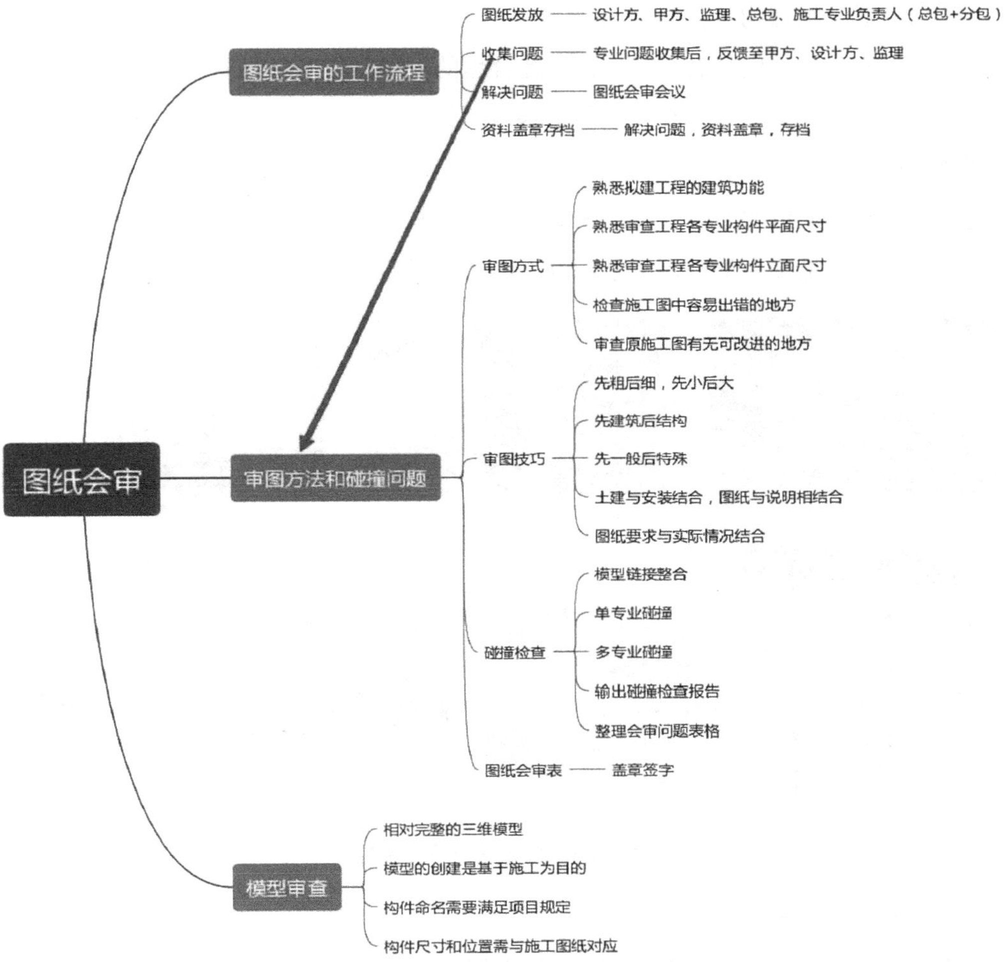

图 3-13　BIM 图纸会审

5. 优化模型出图

根据图纸会审的结果，BIM 工程师将优化 BIM，并结合现场施工的需要，对建筑、结构、机电图纸进行修改。通过 Revit 导出修改后的图纸和设计说明，以供现场指导使用。

（三）BIM 运用阶段中的施工实施阶段

1. 施工三维布场

该项目施工场地较小，周围人流量大，合理布置料场、加工棚，并规划临时道路，避免二次搬运成为本项目管理难题。建模阶段时，通过 Revit 制作的场地模型结合 Navisworks 进行施工模拟，施工三维场地布置能模拟施工队在施工现场的作业情况，对施工人员的现场施工提供较大的帮助。

2. 施工工艺模拟

施工工艺模拟是利用 Navisworks 对模型的细部构件进行工艺展示，它能起到模拟现场施工的作用。对于细部构件的拆分和组装，可以很清晰地让施工人员明白构件的安装方式，达到施工进度快、质量高的效果，如复合墙的模板制作和塔吊安装。

在建筑上，比较难突破的其中一种是幕墙，如上海中心大厦、北京的中国尊，还有广州的“小蛮腰”，三者以各自独特的幕墙外形而著称。但对于弯曲的玻璃曲面，施工作业极为复杂，对施工人员的要求较高。因此，当遇到复杂节点的时候可以利用 Navisworks 中细部工艺的展示对施工人员进行工艺讲解，图 3-14 所示为幕墙细部节点施工。

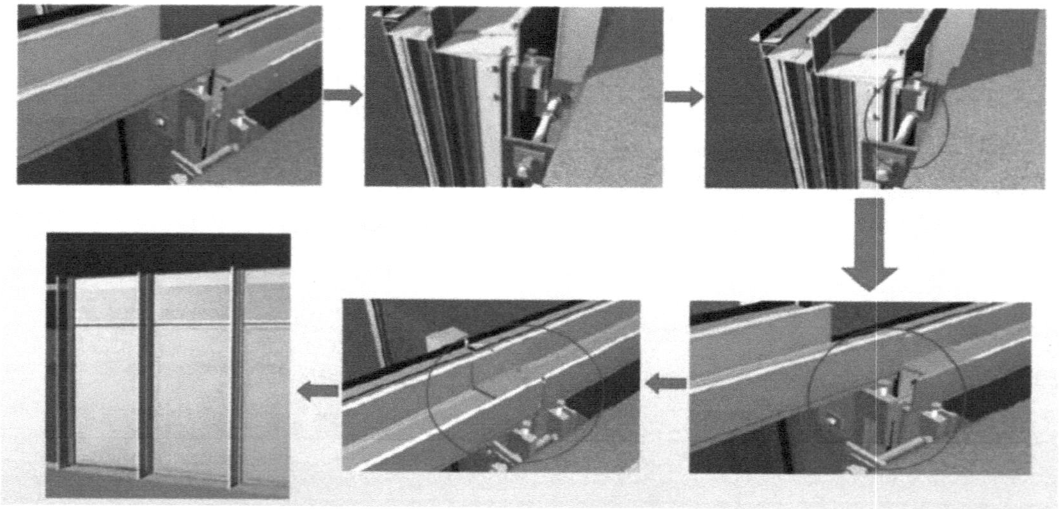

图 3-14　幕墙细部节点施工

3. 施工方案模拟

为了让施工技术人员和劳务班组更好地理解施工技术方案的施工流程，本项目的 BIM 工程师使用 Navisworks 制作了一系列施工方案的模拟动画，包括基坑开挖、打桩和下桩等。这些动画通过三维展示的方式，生动形象地展示了施工方案的流程和细节，帮助施工人员更好地理解和掌握施工技术，提高施工质量和效率，如图 3-15 所示。

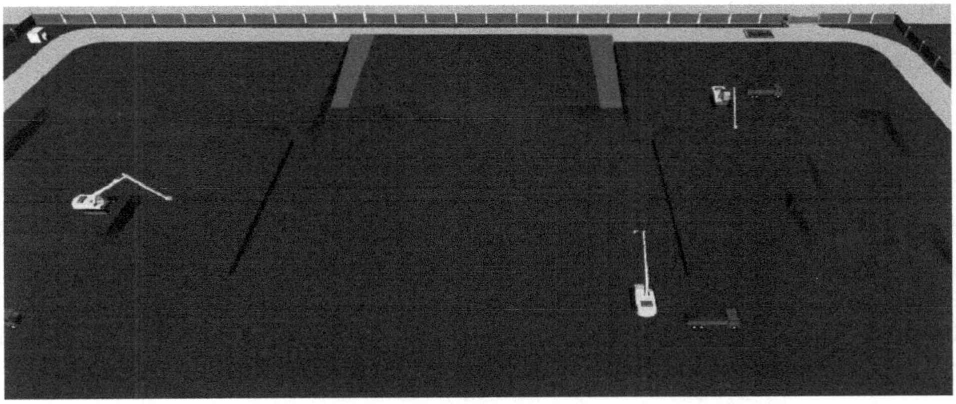

图 3-15　基坑开挖施工模拟动画

4. 4D 施工进度模拟

在工程进度模拟应用过程中，经常需要直观地展示施工进度计划的变化。这不仅可以作为后期施工的实际指导，还可以作为可行性指导，提供合理的施工方案、人员和材料使用的合理配置，从而最大限度地实现资源的合理运用。结合 BIM 中的 Navisworks 对模型进行施工进度模拟，可以最大化地了解整个项目过程；同时也可以和项目进度计划表相结合，真实地反映施工进度模拟情况，如图 3-16 所示。

图 3-16　施工进度模拟

（四）BIM5D 平台

BIM5D 是指在三维建筑模型上加入时间与成本维度形成的五维建筑信息模型，以施工阶段为应用核心。BIM 技术与管理全面融合的拓展应用阶段，标志着 BIM 应用从理性走向攀升。

BIM5D 平台具有以下特点：①以 BIM 平台为核心，集成了土建、机电、钢构、幕墙等专业模型；②以集成模型为载体，关联施工过程中的进度、合同、成本、质量、安全、图纸和物料等信息；③提供数据支持管控项目的质量、进度、成本和物料等方面，协助管理人员作出有效决策和实施精细化管理，从而达到减少施工变更、缩短工期、控制成本和提高质量的目的。

1. 预算导入及关联

将实体模型与布场模型导入广联达 BIM5D 中，然后进行模型整合。本项目偏重于商务应用以及对工程计量和成本价格有严格要求，所以导入方式延续建模阶段顺序，在 Revit 完成三维建筑模型构建时，导出 GFC2 文件经广联达 GTJ 软件进行完善和修改，然后导出 IGMS 文件到广联达 BIM5D 中。随后可以进行资金/资源曲线查看、工程量提取等工作。

2. 物资量查询

该项目可以通过 BIM5D 平台进行物资量查询来进行成本监控，如查询首层钢筋可以通过物资查询功能选择首层钢筋物资查询，然后在施工模拟模块中可以直观清晰地看到钢筋用量，从而严格控制钢筋用量，达到成本控制的目的。

3. 资金/资源曲线应用

现场的资金和资源管控是成本管理的重要组成部分，要求系统全面、科学合理。项目经理需了解项目各个关键时间点的资金计划，并分析工程进度资金投入计划，以便根据计划合理调整资源。为确保项目的顺利实施，采用 BIM 软件结合现场施工进度提取项目的各时间节点的工程量及材料用量。利用 BIM5D 平台进行资金曲线分析，以实现进度款分析和资金成本最大限度节约的目标。同时，还可以借助 BIM5D 进行资源曲线分析，针对提取的主材资源曲线在该进度时间中的合理性进行分析，找出波峰及波谷时间段排列不合理的地方，并进行相应调整，以达到成本控制的目的。

4. 成本动态管理

在施工阶段，动态成本控制至关重要。BIM5D 平台是一种有效的工具，可以提高施工阶段的成本控制水平。在事前控制阶段，可以基于 BIM 三维模型对设计方案进行检查，排除碰撞问题，并及时与各参与方沟通修改，以设计施工方案和编制施工计划，最终形成 BIM5D 预算模型。在事中控制阶段，可以模拟日计划、周计划、月计划的施工任务，发现问题并制订施工方案，以保证工程进度。同时，可以利用 BIM5D 对实际模型和计划模型进行比对，一旦发现偏差，可以利用进度分析方法找到偏差原因。在事后控制阶段，可以将 GBZ4.0 导入 BIM5D 平台，实现实际成本、预算成本和合同成本的三算对比。通过 BIM5D 平台，可以将成本控制的精度分到分项、楼层、构件层面，有利于深层次分析成本偏差和成本盈亏的原因，如图 3-17 所示。

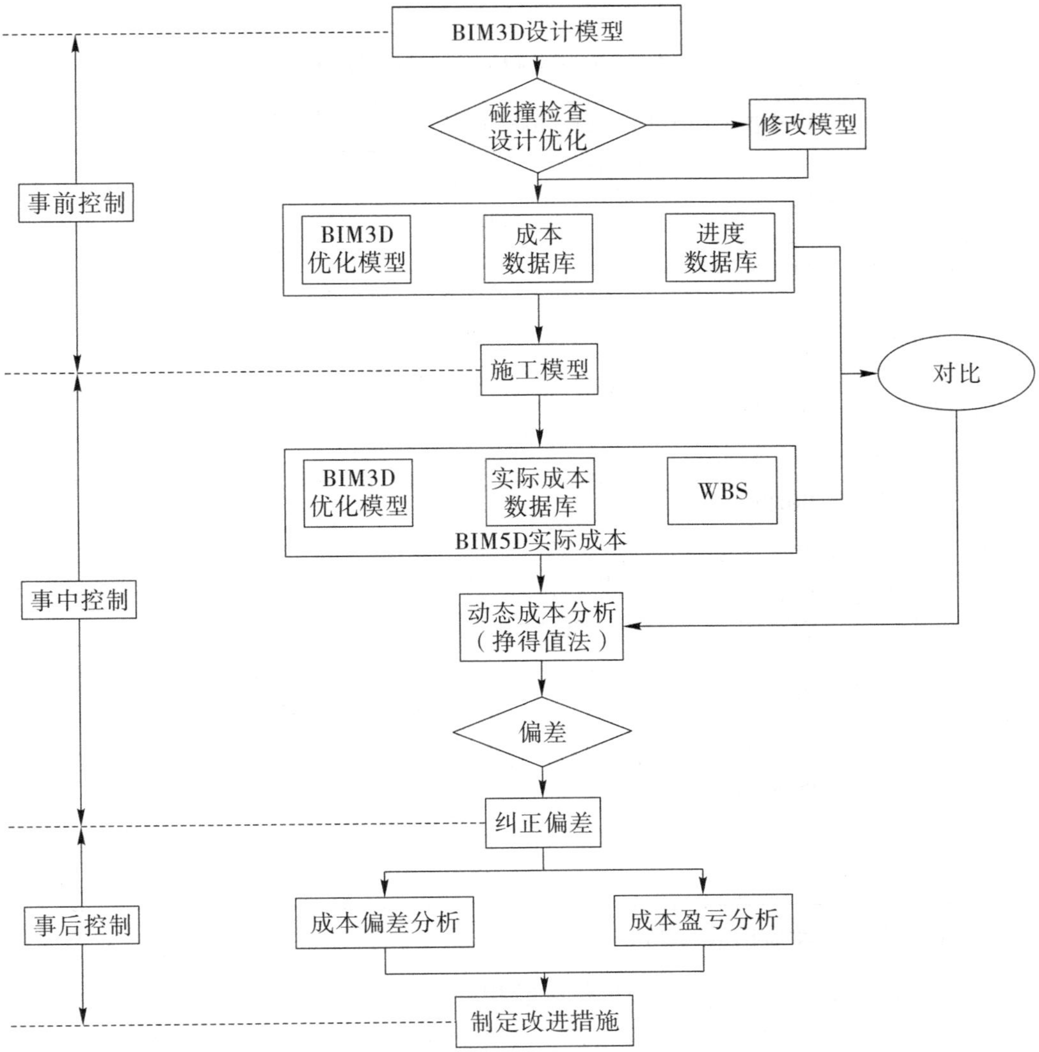

图 3-17　BIM5D 动态成本控制流程

最终，通过 BIM5D 平台的应用，可以实现成本测算、甲方报量、合约规划和分包结算，实现各参与方协同管理，做到动态成本控制。

四、基于 BIM 技术的成本管控

（一）钢筋用量

利用 Revit 模型导入广联达 GTJ 软件中，对钢筋文件只需要完善钢筋详细信息，软件会自动生成钢筋明细表与钢筋节点的三维布置图，不需要二次建模。传统钢筋翻样工作需要结合 CAD 图纸与图集规范进行下料和加工，在应用 BIM 技术后，严格按照三维模型进行钢筋加工，可节省钢筋材料以达到成本控制目的。以下将传统算法算出的计划用量、广联达 GTJ 对钢筋工程量进行提取的量与实际用量进行对比，表 3-5 仅展示部分工程量对比结果。

表 3-5　地下一层 KL1 梁钢筋用量对比

楼层：-1F-5.900　　构件名称：B1-KL1-400×1000-C35						
序号	钢筋类型	计划量（kg）	BIM 量（kg）	实际量（kg）	差值（计划-BIM）	差值（BIM-实际）
1	下通长筋 1（数量：5；直径：25；等级：HRB400）	222.560	210.518	211.697	12.042	-1.179
2	下通长筋 6（数量：2；直径：25；等级：HRB400）	79.806	72.419	74.591	7.387	-2.172
3	下通长筋 8（数量：4；直径：25；等级：HRB400）	67.185	66.559	66.436	0.626	0.123
4	右支座筋 1（数量：1；直径：25；等级：HRB400）	24.263	24.190	24.072	0.073	0.118
5	上部钢筋 1（数量：2；直径：25；等级：HRB400）	242.716	228.653	230.549	14.063	-1.896
6	下通长筋 3（数量：2；直径：25；等级：HRB400）	560.137	512.289	517.384	47.848	-5.095
7	下通长筋 5（数量：1；直径：25；等级：HRB400）	260.855	252.595	255.104	8.260	-2.509

由表 3-5 可知，在应用 BIM 技术后，由广联达 GTJ 软件导出的钢筋用量要小于传统算量的结果即计划量。同时，实际用量与应用 BIM 技术后的用量相比，偏差值也较小。这说明，在应用 BIM 技术后，对钢筋用量在实际施工过程中的管控效果是显著的。

（二）混凝土工程

通过广联达 GTJ 的算量模型可以导出分楼层、分施工段的工程量明细表，可以根据现场施工情况，安排混凝土浇筑时间段，以减少混凝土用量的浪费。混凝土工程用量对比见表 3-6。

表 3-6　混凝土工程用量对比

项目编码	项目名称	计划量（m^3）	BIM 量（m^3）	实际量（m^3）	差值（计划-BIM）	差值（BIM-实际）
010502001001	矩形柱 C30	1728.029	1679.982	1681.21	48.047	-1.228
010502001002	矩形柱 C35	291.104	283202	284.791	7.902	-1.589
010504001001	直形墙 C30	103.235	102.794	102.973	0.441	-0.179

续表

项目编码	项目名称	计划量（m^3）	BIM 量（m^3）	实际量（m^3）	差值（计划-BIM）	差值（BIM-实际）
010504001002	直形墙 C35	20.463	19.827	19.85	0.636	-0.023
010505001001	有梁板 C30	1806.039	1753.606	1760.205	52.433	-6.599

在传统的施工模式中，施工人员需要在混凝土浇筑前计算混凝土的浇筑量，而在计算混凝土体积时，需要预留一定的余量；同时，在浇筑楼板时，由于不规则的面积难以测量，也会导致计算误差的产生。然而，在应用 BIM 技术后，可以利用预算模型来提取混凝土工程量，这可以避免人为计算时的误差，并且提高计算的精度和准确性。同时，在 BIM5D 平台的帮助下，可以进行施工模拟，以帮助施工人员准确地控制混凝土的用量。

（三）模板工程

通过使用 Navisworks 软件进行施工工艺模拟，可以生成模板制作流程，并配合施工动画，从而制订出针对模板的专项施工方案。这种方案可以有效地提高模板的利用率，并节约模板的用量。在施工过程中，模板的制作成本和使用成本都相当高，因此，如何减少模板的使用量并提高利用率是施工管理的关键问题之一。表 3-7 为部分模板工程用量对比情况。

表 3-7　部分模板工程用量对比

项目编号	项目名称	计划量（m^2）	BIM 量（m^2）	实际量（m^2）	差值（计划-BIM）	差值（BIM-实际）
01170200100A21-13	桩承台模板	41.946	32.266	32.312	9.680	-0.046
01170200200A21-16+19	矩形柱模板	147.677	134.061	134.050	13.616	0.011
01170200300A21-16+19	构造柱模板	1.480	1.224	1.249	0.256	-0.025
01170202300A21-64	直形阳台、雨棚模板	17.351	14.450	15.112	2.901	-0.662
01170202400A21-62	直形楼梯模板	31.491	22.982	23.095	8.509	-0.113

（四）工程量比对分析

使用 Revit 建立的三维模型进行工程量统计时，它会按照实际绘制的构建来计算工程量，但这种方法忽略了扣减规则，部分汇总公式的编制也存在一些困难，不符合我国的规范要求。相比之下，广联达 GTJ 软件是市场认可度较高的算量软件，其涵盖了全国各省市的清单定额计算规则与数据库，更全面、便捷地涵盖了建筑物的构建，可以进行工程量的计算和统计。因此，在本项目中，采用 GFC 插件将 Revit 模型转化为广联达模型，然后进行工程量汇总计算和组价。

由表 3-5、表 3-6、表 3-7 可知，本项目通过对钢筋、混凝土工程和模板工程的计划量、BIM 量、实际量对比，发现在应用 BIM 技术后三种材料的节约效果较好。将三种材料总工程量进行提取，对计划量与实际量比对得到节约用量，具体分析见表 3-8。

表 3-8　总工程量比对

序号	项目名称	计划量	实际量	节约量	单位	平均单价（元）	节约合价（万元）
1	钢筋	4134. 36	3940. 44	193. 92	t	4400	85. 32
2	混凝土	22791. 88	22037. 76	754. 12	m^3	510	38. 46
3	模板	112416. 56	112929. 89	513. 33	m^2	45	2. 31
							合计：126. 09

该项目为工程咨询单位主导的 BIM 应用模式，对项目施工阶段进行成本控制，经过对三种材料工程量统计与分析，相较于传统模式的计划用量，钢筋节约 193. 92 吨，混凝土节约 754. 12 立方米，模板节约 513. 33 平方米，节约材料成本 126. 09 万元。

五、BIM 技术在建筑工程施工成本控制中的应用效果评价分析

（一）BIM 技术在建筑工程施工成本控制中的应用效果

经研究，BIM 技术对施工成本控制的综合评价值高，其评价等级为好。该项目工程量的 BIM 量小于计划用量且与实际用量基本持平，可见通过 BIM 技术应用于施工管理能够更准确地进行报量以减少成本消耗，证明基于 BIM 的施工阶段成本控制的评价等级符合实际。

（二）BIM 技术在建筑工程施工成本控制中的应用效益分析

1. 经济效益分析

该项目在实施过程中应用 BIM 技术，建立有效的 BIM 施工阶段成本控制流程，其产生的经济效益如下。

（1）碰撞检查。该项目通过 Navisworks 软件对三维模型进行碰撞检查及管线综合优化，将消防、给排水、通风管道进行二次建模，在施工前期基本解决所有碰撞问题，提高了施工效率。地下部分发现有效碰撞点 1496 个，地上部分 6467 个，共计 7963 个。生成碰撞检查报告并严格按照该报告和方案施工。经项目部统计资料显示，在管道预埋期间节省约 700 个工日，按广东省建筑工程管道工平均单价 287. 5 元/工日计算，取 1. 0 调整系数，得出节约费用 20. 1 万元；在安装专业施工期间节省约 1400 个工日，按广东省建筑工

程电工、通风工人工费平均单价 290 元/工日计算，取 1.0 调整系数①，节约费用 40.6 万元。

（2）图纸会审。该项目通过 BIM 三维建筑模型辅助图纸会审，发现图纸问题 1465 个，其中包括碰撞检查、预留洞口和管线优化等问题，事后优化出图 264 张。图纸会审将问题规避到施工阶段前期，减少返工。

（3）三维布场。该项目总体布场，计划工期是 25 天。通过 Revit 与 Navisworks 软件对施工场地进行三维布置后，首先确定塔吊位置与运输道路，随后通过科学合理布置办公区、生活区、施工区，避免二次搬运和优化施工现场环境，实际工期为 18 天，缩短了 7 天。项目部统计资料显示，节约费用约 10 万元。

（4）三维技术交底。该项目通过 Navisworks 软件制作基坑开挖、打桩下桩、复合墙模板制作和幕墙安装等施工动画，进行施工技术方案交底，确定最符合现场施工方案。项目部资料统计显示，节约施工成本约 90 万元。

（5）BIM5D 平台。该项目通过 BIM5D 模型进行进度控制、物资与材料管理、工程量统计分析，建立成本动态管理流程，对成本成功进行严格管控。

2. 管理效益分析

（1）沟通交流成本降低。基于 BIM5D 平台的应用，现场施工管理人员实现可视化沟通，无论是施工管理人员场地布置，还是一线施工人员的施工技术交底，都可以通过 BIM 直观有效地沟通，降低沟通成本，减少会议时间，提高管理水平。

（2）数据库积累。经过在该项目中应用 BIM 技术，积累了一批新的构件族，并丰富了族库。这些新构件的加入不仅为企业 BIM 信息数据库的构建提供了强有力的支持，还为以后的项目提供了更多的设计选择和可能性。

（3）BIM 人才培养。该项目在应用 BIM 技术时，通过对技术人员不断进行 BIM 技能培训，提高了 BIM 人员技术水平，也为企业及项目培养了 BIM 技术人才。

六、BIM 技术在建筑工程施工成本控制中应用的优化建议

（一）构建 BIM 信息数据库

广联达 BIM5D 平台为三个层面提供完整的虚拟施工解决方案，包括：岗位、项目和企业。岗位级的解决方案可以通过 BIM 统一数据接口应用到建模、进度、预算编制等最常用的软件中。项目级 BIM5D 平台将岗位数据成果汇总，通过云和移动技术实现对项目进度和成本的协同管理。企业级 BIM 云平台聚合项目和信息，形成企业运营数据，用于管理

① 广东省建设工程标准定额站．广东省传统建筑工程劳务市场用工价格分析报告（2019 年度）［EB/OL］．（2020-03-30）［2024-07-25］．https：//www. bigdatacost. com/202003/4500. html.

决策，并支持企业构件库和企业流程库的管理和应用。

该项目是项目级应用方式，而建筑企业本身缺乏企业级 BIM 云平台的建立及族库的管理和应用。基于本项目建筑企业可以通过三端数据搭建及云数据的上传，形成自己的 BIM 云平台。

（二）提升 BIM 人员技术水平

该项目以工程咨询单位作为 BIM 技术应用的主导单位，建筑企业并未配有自己的 BIM 团队。而建筑企业想要提高项目管理效率，节约成本并提高行业竞争力，不仅需要建立自身 BIM 团队，还要培养相应的 BIM 成本管理人才，这就需要自身 BIM 技术过硬且具有一定的成本管理经验。

建筑企业如何建立 BIM 团队，培养 BIM 成本管理人才，提升 BIM 人员技术水平，可以从以下几点入手。

一是在 BIM 人员培养的最基础阶段，相关人员必须掌握相关软件的操作技能。除此之外，还应该注重培养 BIM 人员的团队协作能力、沟通能力和创新能力，以应对复杂的工程项目。

二是建筑企业的 BIM 人员需要具备实际成本管理经验，这需要他们在现场学习成本管理理论并将其应用于实际的 BIM 项目中，以积累自身的经验。这样做不仅可以提高 BIM 人员的技能水平，还可以帮助企业更好地控制成本，提高项目的效率和质量。

三是建筑企业可以参考工程咨询单位的 BIM 团队，建立基于项目的 BIM 组织架构。该架构应包括模型组、管理组、施工组和运维组，各团队应配备相应的人员，以确保各自的职责得到充分履行。

（三）统一 BIM 模型标准和规范

在项目前期，建设方考虑到各参与单位 BIM 技术水平参差不齐，可能造成模型传递混乱，无法协同工作，经过沟通协商后明确以工程咨询单位为主导的全过程应用，工程咨询单位也制定了基于本项目的《BIM 咨询项目实施导则》与《BIM 咨询项目实施标准》。而建筑企业想要构建自身 BIM 团队的标准规范可以从以下四个方面入手。

1. 建模标准总则

BIM 标准规范最重要的是建模的标准总则，其涵盖总结了三维建筑模型最基本的标准要求。建模标准总则可以包括：模型拆分、整合与组织的标准总则；模型的命名与配色的标准总则；软件设置与文件管理的标准总则。

2. 土建模型标准

对于土建模型，从命名规则、族制作流程、建模流程到模型扣减规则再到构件核查标准，都应有一套系统的标准规则。

土建命名规则见表 3-9。对于扣减规则来说，扣减规则应符合算量要求。例如，在本项目二层结构模型中，结构柱与梁交会，这里算量要求为梁与结构柱不应重叠，梁计算至结构柱柱边，所以这里的扣减规则应为梁被结构柱扣减，如图 3-18 所示。对于构件核查标准来说，应该有其建筑与结构专业常规要求、楼梯特殊要求等核查标准。

表 3-9　土建命名规则

专业	命名规则	示例
族库	特征（材料、功能等）+构件名称	混凝土地面—彩色混凝土面层—楼板
族类型	族：专业—名称 类型：型号	族：混凝土梁—矩形 类型：1100×700mm
模型	专业（A/S）—名称/尺寸—混凝土强度等级/砌体强度等级—构件类型	S-800-C40P10—筏板基础

图 3-18　梁与结构柱交会

3. 机电模型标准

机电模型应包含构件命名规则、机电工程量标准、支吊架计算规则、预留预埋洞口标准、管线避让原则和模型检查标准。

机电模型命名规则见表 3-10。对工程量标准来说，应设置管材的标准模数长度、基于设计说明的布管系统配置和机电管道预算量、加工量和模型量的计算规则。对于管线避让原则，应设置总体原则、水平避让原则、管道间距标准、机电末端空间标准、给排水系统排布标准和建筑电气管道排布标准。对于模型检查标准来说，应该设置各构件统一检查内容，如对于设备的检查内容，其标准应为：核查尺寸是否符合实际。核查设备安装间距，规范的核查标准可以减少后期碰撞检查的工作量。

表 3-10　机电模型命名规则

	专业	命名规则	示例
文件命名规则	管道	系统族：自带类型	系统族：管道类型
	管件	构件名称—连接方式	弯头—丝扣
	管路附件	构件名称—尺寸范围—连接方式	电动蝶阀—80~250mm—法兰
	设备	设备名称	卧式离心泵

续表

	专业	命名规则	示例
构件命名规则	管道	系统名称—型号/尺寸—材质	喷淋系统—100—镀锌钢管
	管件	名称—型号/尺寸—连接方式	弯头—100—丝扣
	管路附件	名称—型号/尺寸—连接方式	电动蝶阀—80—法兰
	设备	名称—型号/尺寸—技术参数	水箱—500L

4. 模型交付标准

在该项目中，工程咨询单位在将各专业模型交付给各参与方时具有统一的交付标准。而建筑企业也应制定相应的交付标准，做到有源可查，这可以降低 BIM 团队之间的沟通成本。

对于模型深度，施工项目模型的信息输入宜采用与项目需求相适应的模型深度，模型深度宜分别选用信息力度和建模精度等级。对于模型检查，应做到模型合规性检查、完整性检查和图模一致性检查。对于模型成果，应交付经过清理且可编辑的轻量化文件。

建立统一的模型标准和规范，为 BIM 模型的获取与应用以及 BIM 团队的协同工作奠定了基础，对基于 BIM 的施工成本控制成功实施具有促进作用。

第四章　BIM 技术在建筑工程质量管理中的应用

随着社会的发展进步，建设单位对所交付的建筑工程产品质量标准的期望与需求也随之提高，这需要建筑行业以信息化、智能化为基础培养创新动力，促进产业转型升级。综观建筑工程的整个建设过程，从设计环节开始，质量管理就占据着极为重要的位置，若在该环节出现质量问题，且未得到妥善的解决，那么整个项目的施工进度和施工质量将会受到严重影响。

目前，我国的建筑类项目多是以 EPC 总承包模式进行。但 EPC 总承包模式下的质量管理在实际运行中还存在较多问题，如业主对质量监督力度不足、技术交底深度不够等。另外，目前对工程建筑过程中质量管理体系的检查信息的存储记录及其信息传输大多是采用各种纸质文档为载体的方法，这种方式不仅不便于后期查阅且文件的保存体量巨大，还降低了工程实施过程中各方沟通的有效性。

基于上述问题，本书引用 BIM 技术的相关理论，以 G 建筑工程项目为例，对其质量管理模式进行研究，以解决传统管理模式 EPC 总承包模式在实施过程中的监督力度不足、技术交底深度不够、管理信息难以被存储和查阅等问题。本章通过对 BIM 技术的应用，提出采用基于 BIM 技术进行工程质量管理的流程方案，并分析了其相比于传统质量管理模式的优势，希望为其他建筑工程项目将 BIM 技术应用到质量管理中提供启示。

第一节　建筑工程质量管理概述

一、建筑工程质量管理研究现状

（一）建筑工程质量管理国内外研究现状

质量管理是每个行业都非常重视的管理内容，建筑工程由于其自身特点对于其质量的要求更是精益求精。为了维护和改善其质量必须进行科学的质量管理，利用一整套质量管理的科学方法、手段和制度开展系统的管理活动。一些发达国家因为其经济基础较好，对工程质量的研究相对成熟，在工程质量管理方面尤其重视对其体系的建设，不同国家也根据本国的实际情况不断优化质量管理体系。

1. 建筑工程质量管理国外研究现状

对于工程建设行业来说，质量管理贯穿于项目建设的全过程，良好的质量管理可以提高企业的综合竞争力，在保证工程质量的同时降低施工成本，因此，项目质量管理是工程建设行业不可或缺的一部分。某些质量管理方式可以有效地提高企业和项目的收益率，但很多传统意义上的质量管理技术却很难对绩效的提高起到重大的影响效果，尽管它们可能在一定程度上促进企业效益，但这种促进程度微乎其微以至于到可以忽略的地步。

法国、西班牙、德国等国家已经研制和实施了专门为企业解决建筑施工质量问题的质量保证系统，并规定 10 年为建筑工程质量缺陷保险期，其间必须为建筑强制投保。整个系统主要包括三项主体部分，依次是保险、责任和质量监督、控制，还需要由第三者即非设计方和施工方从施工执行、文件审核、设计等方面，对工程设计实施全面多角度的质量管理。日本则主要对项目的施工以及工艺流程的控制进行了系统的体系建设。随着世界各国质量管理体制的形成与发展，以承包商为主体的质量保证与质量管理模式最先由 Feene 提出[①]，科学而系统地解决了工程项目质量问题，对承包人实施质量激励措施，从而更有效地提高与增强质量。

由于国际质量管理体系的发展，国外许多公司质量管理体系也产生了多种不同模式，比较常用的有 PMT 模式、PMC 模式（建筑工程质量管理咨询服务工程承包）、EPC 模式、CM 模式[②]。许多工程项目都具有结构冗杂、工程建设周期长、规模程度大等特点，但是对于工程质量管理体系的进一步发展来说，它们具有如下共同特性：精简了工程项目的组织架构，对工程项目的所有人员以扁平化的架构加以控制，并要求整个工程公司必须顺应市场经济的变革，权责高度分明，不仅把工程业主当成投资者，而且令其在整个工程施工、设计、运营、质量检测的全过程都介入其中。选用更加专业的承包单位有利于良性行业环境的形成，因为这些单位可以进行全过程、全方位的质量管理服务并从专业的视角出发，而不是进行片面性的、阶段性的动态管理。目前，在建筑行业最常运用的便是 EPC 模式，本章第三节的研究对象 G 建筑项目也采用了 EPC 模式进行建设。

2. 建筑工程质量管理国内研究现状

景文[③]在其研究中重点说明了在项目管理中公司内部管理出现的管理模式不规范、边界不明确的现状，并且就我国工程项目的人员建设、合同管理、质量管控等许多方面给出了更详尽和具体的改善意见。杨柳与何佰洲[④]根据国内建筑工程管理的特征与状况，在其

---

① 刘涛 . 国内外项目管理模式的比较研究［J］. 工程建设与设计，2017（8）：184-186.

② 王浩赟 . EPC 项目方案设计收益与投资方分配研究［J］. 项目管理技术，2019（9）：60-64.

③ 景文 . 国内外工程项目管理现状比较研究［J］. 管理世界，2016（9）：60-61.

④ 杨柳，何佰洲 . 国际国内工程项目管理现状比较研究［J］. 中小企业管理与科技，2016（5）：51-53.

研究中着重分析了国内和国外管理情况的异同，并对两者之间的差距进行数字化分析。郑艳鹏[①]根据国内和国外项目的具体管理状况，从组织制定、有关法规和运营采购等方面比较中外间的差异，以此为基础对我国工程管理模式改进提供了合理的意见。张威娜[②]在其论文中系统性地剖析了当前中国在工程项目管理中所碰到的问题，同时也对所提出的主要问题作出了详尽回答，目的是提高我国项目管理中的技术创新能力，从而缩小我国和许多国家在工程项目管理领域上的技术差距。

（二）EPC 总承包模式下的建筑工程质量管理研究现状

1. EPC 总承包模式下的建筑工程质量管理国外研究现状

EPC 总承包模式首先诞生于美国，其后历经了几十年的发展，其优越性已逐步展现出来，并成为全球工程市场的主流发包模式之一，国外关于 EPC 总承包项目质量管理体系的探讨也已从不同的方面展开，呈现出了多元化的发展趋势。

早在 20 世纪 90 年代，Arditi 和 Gunaydin[③] 两位学者就对全面质量管理概念在 EPC 工程中的运用进行了研究，他们认为企业管理层的全面质量承诺和对质量持续改善的保证、素质培训、全面质量保证（QA/QC）流程、需求分析、工程设计的可施工度等是企业管理质量方面必须注意的问题要点。后期由于市场经济的蓬勃发展，不同行业的质量管理模式也应运而生，通过比较不同领域（如汽车制造业和建筑行业）的质量管理的有关知识，Basu[④] 以流程、设计这两种不同质量维度为基石提出一种崭新的质量研究角度并将其命名为组织质量维度。一个项目的质量可以通过上述维度进行评价并加以判断，Basu 在文章中提出项目管理持续推进的关键是组织质量的好坏，并讨论了怎样有效使用优秀管理思想（如供应链管理、精益思想和六西格玛等）来改善项目管理质量。Berssaneti 等[⑤]通过实验研究发现，时间、产品质量、生产成本、技术、高层管理人员的决策、客户满意程度等因素直接影响了 EPC 项目管理目标的实现，其中管理人员是影响较大的一项重要因素，而研究结论也为 EPC 项目的管理提供了指南。

2. EPC 总承包模式下的建筑工程质量管理国内研究现状

我国在现阶段的建筑业领域取得长足进步，但因为建筑领域的过快发展以及建筑行业

---

① 郑艳鹏 . 国内外工程项目管理面临的现状及比较研究［J］. 中小企业管理与科技，2016（16）：94-95.

② 张威娜 . 浅析我国工程项目管理中存在的问题及对策［J］. 城市建设理论研究，2013（2）：27-29.

③ Arditi D，Gunaydin H M. Factors that affect process quality in the life cycle of building projects［J］. Journal of Construction Engineering and Management，1998（3）：194-203.

④ Basu R. Managing quality in projects：an empirical study［J］. International Journal of Project Management，2014（1）：178-187.

⑤ Berssaneti F T，Assumpção A，Nakao O S. Engineering，procurement and construction（EPC）：what are the variables that impact the success of the projects currently running in Brazil?［J］. Gestão & Produção，2014（1）：95-109.

内的管理者在过去一直固化难以变通的思维模式，使其在工程项目管理方面往往缺少能动性、创新力，在管理制度上和部分发达国家相比还存在较大差距。

中国的 EPC 系统兴起较晚，但在经历了引进、吸收创新和全面开发三个时期的不断成长后，目前已应用于多个领域，国内专家关于 EPC 工程项目质量管理的探讨也相当深入。

王琳①根据 PDCA 原则对 EPC 项目质量管理进行了研究，并以质量管理为切入点详细地介绍了怎样进行 EPC 质量管理工作。李素英等②从业主的视角，对中国铁路工程 EPC 施工质量管理的主要影响因素进行了系统的调查和分析，从工程设计、采购、施工管理 3 个方面找出了影响质量的 10 个主要因素，并运用系统因子分析方法对其进行了评价，为业主进行 EPC 项目质量管理奠定了重要理论指导基础。黄麟淞③的研究指出石化 EPC 项目工程设计是进行工程质量管理重要因素，有不同工程专业间衔接管理因素、工程设计人员素质因素、工程设计与工程业主衔接因素、建筑设计与施工单位衔接因素、工程设计与政府采购因素、工程设计与内部接口管理因素等。徐宁④指出施工技术安全交底是提高工程建设质量、避免工程质量安全隐患的关键举措。

通过以上的调查可以发现，目前中国 EPC 工程项目质量管理的方式大部分都是按照中国传统的质量管理理论进行的，而由于不同的 EPC 工程项目都有着自己的特点，在采用传统质量管理的方式和理论的同时，也应该注重根据 EPC 工程项目自身的性质和特征，以获得最佳的质量管理效益，从而提升工程的管理质量，以达到我国的质量标准。

目前，我国建筑工程质量管理的现状以及质量标准的主要情况如下。

在 20 世纪 70 年代末期，中国建筑行业开始逐渐实行“全面质量管理”（TQC），采用规划（Plan）—运行（Do）—检验（Check）—处理（Action）的不间断循环模式，也就是 PDCA 循环系统，要求参与建筑施工的人员和单位对建筑行业生产的整个过程中可能会直接影响后续建筑质量的所有可能因素进行科学、全面的管理，将“事后检验”变为“事前预防”，从而全面地进行产品质量的评估与预判（其中包含综合性评估以及对生产总工作量、生产成本、施工时间的评估），对“工程设计、研发、鉴别、试制、外购物料、生产和销售”等各个环节进行全过程的管理，形成一个包含有“组织、计划、财务、技术和统计等各项管理，与工作一直到工程应用阶段的养护与维修”的全方位评价的、全员参与的、有效的、全面的、现代信息化的工程质量管理系统。截至目前，使用 PDCA 循环的

---

① 王琳．EPC 总承包项目质量管理模式研究［J］．中国工程咨询，2011（10）：16-19.

② 李素英，解华，吴永立．铁路建设 EPC 项目业主工程质量影响因素研究［J］．铁道工程学报，2018（11）：92-96.

③ 黄麟淞．EPC 总承包模式下石化行业设计质量关键影响因素分析［D］．广州：华南理工大学，2011.

④ 徐宁．施工技术交底策划及应用［J］．建筑技术，2015（10）：900-903.

现代建筑已普遍进行了推广应用与研究。我国现代建筑的施工质量管理及其相应的规范大抵上可分为下列 5 种：国家强制标准、国家推荐标准、行业标准、地方标准以及企业标准。其中，国家标准是最权威也是使用最普遍的。标准下的施工质量主要分为两种：统一标准和 13 个其他标准，其中包含了各种施工的项目类型，主要包括了钢筋、水泥、砌体和木结构建筑的主体结构以及屋面、地基、供水、供电、空调和通风系统等。而在上述的工程质量审核各项目类型中，“主体结构”对整个建筑施工过程的质量影响较大，因此，对于这个类型的施工质量检查和项目（特别是对于混凝土主体结构）的审查在所有的工程管理中属于主要部分①。

截至目前，我国关于建筑施工的工程质量管理规范主要有两个，分别是《建筑工程施工质量检验统一规范》（GB 50300—2013）和《混凝土结构施工质量验收规范》（GB 50204—2015）。不同于混凝土建筑施工的其他行业的工程质量控制标准和项目可以采取相同的管理办法，《建筑工程施工质量检验统一规范》规定，在相同条件下开展的或是用一个给定的方法进行组织的一组试验对象可以被界定为同一个试验批次②。多个检测项目可以使用同一个检测批，其中对于某个检测项目进行检测的所有目标对象被称为包括在检测批中的所有对象，采样的对象将取决于检验项目。

二、建筑工程质量管理相关概念和理论探究

（一）质量管理概念

质量管理专家戴明将质量管理定义为“以最经济的方式生产出具有使用价值与商品性的产品，并在生产的各个阶段应用统计学的原理与方法”。其通常包括“人、机、料、法、环”5 个方面的管理要素。质量管理发展主要经历了 3 个发展阶段。

1. 质量检验阶段

在 20 世纪前，人们主要通过作业人员的生产技术水平以及对生产的经验判断，来保证生产的质量。到了 20 世纪初，产生了以 F. W. Taylor 为首提出的质量管理理论，将产品加工和质检工作进行了分离，并且使质量管理工作的职能实现了转移，其职责也从操作人员转移至现场管理人员。后来随着生产的复杂程度日益增加，产品规格不断丰富，产品的检测标准越来越完善，检测工具以及相应的检测技术也更加健全，很多公司为此设有专业的检测部门。这也就是人们常说的产品质量是通过检测得出的，这种产品质量管理方法我们通常认定为事后检测。

---

① 张勇，李凌楠，谢爽．一种全新的工程项目管理信息化模式［J］．管理工程学报，2015（21）：258-262.

② Tom C M. Use of the internet to enhance construction communication：total information transfer system［J］. International Journal of Project Management，2013（2）：107-111.

2. 统计过程控制阶段

1924 年，W. A. Shewhart① 提出过一个观点，即通过预防和控制将缺陷扼杀在萌芽状态。他利用数理统计的原理，提出 6a 法则用以把控产品质量，基于数理统计原理来统计产品质量管理。此法则在第二次世界大战后很快得以普及和运用。

3. 全面质量管理阶段

从 20 世纪 50 年代以来，由于世界生产力水平的巨大飞跃以及生产科技的高速迭代，消费者对产品的关注点出现了一定转变，由原来的注重商品的一般特性和外在表现，逐渐发展为更加关注商品的安全性、可靠性、服务程度等。同时，在质量管理理论方面也有了新的进展，将员工因素变成了最突出的质量原因，更加强调全员参与质量管理工作②。在公司内部竞争日益激烈的情形下，美国 A. V. Feigenbaum 公司于 60 年代初期给出了对全面质量管理工作的新定义："全面质量管理工作是指在充分考虑到顾客要求的条件下，在最经济的水准上能够最大限度投入服务并开展生产活动，并把公司各部门在保持质量、提高质量和研究质量方面的活动组成一个整体的高效管理体系。"

（二）EPC 总承包模式概念

EPC 总承包模式是设计、采购、施工一体化的一种工程承包模式，EPC 是 Engineering（设计）、Procurement（采购）、Construction（施工）3 个英文单词的首字母缩写。在 EPC 总承包管理模式中，通常包含建设方和施工总承包方两个工程主要参与方，双方的权责通过 EPC 总承包合同来约束③。采用 EPC 总承包模式的工程项目，总承包方的工作通常包含工程项目的设计、采购和施工 3 个过程，并对工程项目管理过程中的质量、成本、进度、安全等目标进行全面的管理。

在 EPC 总承包模式中，Engineering 除了涉及设计内容外，还应当包含建筑工程项目中必须具备的确定工程目标和前期准备工作。在 EPC 总承包模式中，总承包商应对工程项目从前期准备→图纸设计→材料设备采购→项目施工的全过程进行管理，需要综合考虑建设单位的投资意图和对工程项目制定的目标及计划，在项目实施过程中对所承包的工程负责。EPC 总承包模式与传统的项目管理模式相比，具有一些自身独有的特征。

一是 EPC 总承包模式中，由于设计—采购—施工均由总承包商负责实施，可以有效避免以往工程项目管理模式中设计、采购、施工由不同单位实施造成的各实施环节相互脱节的缺陷。同时，根据不同工程项目的实施特点，总承包商可以对设计—采购—施工 3 个

---

① 吴燕琴．建筑工程质量监督管理体系创建探索［J］．现代物业（中旬刊），2018（11）：67-69.

② 龚诚宫．建筑工程施工质量验收探讨［J］．工程技术研究，2017（1）：149，151.

③ 凯铸．电力 EPC 总承包项目质量管理研究［J］．化工管理，2018（30）：112-113.

环节中的某个或某两个侧重管理，充分发挥总承包商的经验和技术上的优势，提高工程项目的前期识别、中期设计优化和后期采购与施工的能力，从而缩短工程建设周期和降低工程项目建设成本。

二是实行 EPC 总承包模式的项目，往往具有建设资金多、规模大、周期长、管理难度大、技术难度高、参与建设的单位多等特点。这些工程项目特点决定了 EPC 总承包商必须具有项目综合管理水平高、技术力量雄厚和资源储备能力强的特性。

三是 EPC 总承包模式中往往只有建设单位和总承包单位两个合同主体，合同关系简单明了，建设单位和总承包单位之间的工程项目权利和义务通过总承包合同进行约束，建设单位只需要对总承包单位进行管理，无须直接对接各种分包商，大大简化了建设单位管理机构的种类、数量和管理难度。

四是由于工程项目往往建设规模大、周期长，为降低建设单位的成本风险，EPC 总承包模式下较多采用总价合同，这就要求总承包单位能够对项目未来实施过程中的各种价格变化因素进行综合考虑，在合同范围内对工程项目的设计、采购、施工等过程进行有效的项目管理，而建设单位只需要在成本和时间维度层面上对工程项目进行管理。EPC 总承包模式虽然要求总承包单位承担较大的工程项目风险，也要求其必须具备较高工程项目管理能力，但管理的回报非常丰厚①。

（三）建筑工程项目质量管理的特点及过程

1. 建筑工程项目质量管理的特点

影响因素多、波动范围大以及管理局限性大是建筑工程质量管理的三大主要特点，这些特点极易产生诸多质量管理问题，而由这些问题导致的质量波动则是影响建筑能否满足功能要求以及是否符合设计指标的关键因素。因此，高水平、高效率的工程质量管理是不可或缺的，许多企业为实现科学的质量管理往往会投入巨大的人力、物力。

2. 建筑工程项目质量管理的过程

建筑工程质量管理应重点从事前质量管理、事中质量管理和事后质量管理三个阶段进行质量控制。

（1）事前质量管理。在建设项目进行施工之前的预备阶段甚至设计阶段，建筑者主动实施的工程质量管理行为被称作事前质量管理。事前质量管理通过确定工程质量管控点、落实工程质量责任以及剖析工程质量偏移原因等技术手段，制订有效的预防方案。

事前质量管理作为事中质量管理的前置阶段，给事中质量管理做好了铺垫并奠定了良好的基础，把在施工过程中可能会发生的质量问题抹杀在萌芽状态，其通过构建合理的应

---

① 金钊．基于精益建造的 EPC 石化工程项目质量管理模式及应用研究［D］．北京：北京建筑大学，2019.

对方案，指导相关工作人员增强责任意识，减少返工，保证施工质量。

（2）事中质量管理。事中质量管理首先是对产品质量活动的行为约束，其次是对产品质量活动过程与成果的监督管理。事中质量管理的重点就是坚持质量标准，这不仅表现在施工项目管理过程中需要各参与者严格做好本职任务，同时也需要现场人员严格根据工程项目管理人员所提出的技术条件与工作思路落实质量责任。事中质量管理必须严格依据有关工程质量管理的标准和要求将技术措施落实到位，现场人员以及工程材料供应商所提交的材料应严格遵循有关工程质量规定与规范，从而为事中质量管理流程中的科学管理打下坚实基础。事中质量管理的关键点，就是对工作质量、工艺质量和质量控制点的严密把控，这就要求在施工建造过程中所有的现场施工人员具备熟练的施工技能、对施工质量保证措施充分了解、牢记施工技术要点以及提前分析施工内容的重难点、做好施工预判，尽可能地减少和避免施工过程中因为技术人员水平不高而造成的质量问题甚至质量事故。

事中控制伴随着整个工程项目的施工过程，必须对其进行严格的把控才能使整个建筑工程在最终的验收过程中达到事前所预期的质量要求。

（3）事后质量管理。在工程项目的建设结束后，对项目的最后结果及其具有的各方面质量的分析、总结活动被称为事后质量管理。事后质量管理既是对工程质量结果的认定、评估以及对误差的修正，也是针对前期工作中的质量问题的补救与调整。把在事前质量管理中所制定的工程质量任务目标、质量标准和已实现的工程质量结果加以对照检验，从而找出问题的根源，再经过研究提出实施工程质量改善的具体方法，以确保产品质量达到受控状态。

事后质量管理虽是对建筑工程项目实施过程中的质量问题的弥补，属于亡羊补牢，对该项目并没有太多益处，但能够积累重要的工程项目经验与教训，对今后相同或者相似工程的质量管理大有裨益，所以事后质量管理在工程项目质量管理中起着举足轻重的作用。

在以上提到的三个方面的建筑质量管理工作中，前两个方面都对工程项目的质量管理工作与最终效益有着决定性的意义，其所投入的质量管理措施，对建筑完工后的质量产生了深远的影响。所以，工程质量管理部门在坚持全面、全过程质量监督管理工作思路的同时，必须对直接影响工程项目质量的关键因素实施积极管理与调控。

第二节　BIM 技术在建筑工程质量管理中的应用分析

一、基于 BIM 的建筑工程质量管理的特点

通过把传统质量管理体系与基于 BIM 的质量管理体系加以比较与分析，可以看出基于

BIM 的质量管理体系的特点包括如下几点。

一是可通过高度可视化的技术优势，为建筑企业提供不同专业之间的空间分析框架、建筑进度运作情况和施工流程中的工程质量安全信息。

二是可采用 BIM 技术网络、数字化进行模拟分析的手段，高效推进工程项目中各参与方之间的协调作业的工程信息化管理。

三是将 3D 的 BIM 再加上工程进度的时间维度，从而形成 4D 施工模式，可实现工程项目质量管理流程的信息化、可视化、动态化。该 4D 模式对于推进整个工程建设阶段有着关键的意义，为确保工程的数字化升级提出科学的技术方案与数据支撑。

二、基于 BIM 的建筑工程质量管理的价值

基于 BIM 的建筑工程质量管理所提供的价值，主要体现在如下几个方面。

一是基于 BIM 技术的三维可视化优势。在设计期间，通过使用 BIM 技术建立的三维模型，BIM 工程师能够很直观地看到在设计图纸中出现的“错、漏、碰、缺”等问题，并根据设计图纸中存在的问题进行深度设计和优化，合理避免可预见的施工错误，减少施工过程中质量问题的发生率，从而对施工过程中的盲区和碰撞点等问题作出预先的防范措施，进而达到对施工质量的事前管理，有效提升整个建设项目的质量管理水平，为后期工程建设提出科学合理的数据分析支撑①。

二是采用 BIM 建筑模型完善工艺方法提高建筑质量。基于 BIM 技术的仿真功能，把实际施工进度方案导入 BIM 中，可以帮助质量管理人员更好地对项目现场实际情况进行分析，尽早发现设计图纸和设计方案中存在的不足，并结合工程项目的现场条件和相关设计规范要求对设计图纸进行修改，从而提高工程项目质量管理水平。

三是通过 BIM 获取施工现场周边环境信息以提高质量。采用 BIM 协同平台和建模技术，通过无人机、现场摄像机、全息扫描仪等手段及时捕捉项目现场的各种质量、安全、成本、进度等信息。在获取了项目现场的质量、安全、成本、进度信息后，将这些信息汇总编译到 BIM 中，进一步通过 BIM 建模技术对施工情况进行模拟和仿真，以便优化施工方案和施工组织设计，协助总承包单位评估施工质量保证措施是否合理和有效，从而提高工程项目的整体质量。

四是提高工程管理人员的技术水平和管理效率。在项目实施过程中，工程项目管理人员将采集到的质量、安全、成本等建筑物的信息整合到 BIM 之中，通过 BIM 和建筑物的实际质量成果进行比较分析，不仅革新了传统工程项目管理的模型系统和技术方式，还摆脱了采用传统二维工作面的技术弊端。在发生问题时，BIM 人员和现场的质量管理者都可

---

① 樊乐. GX 公司产品质量管理研究［D］. 银川：宁夏大学，2020.

以利用 BIM 管理平台，完成有关质量管理命令的下发和执行；工程项目现场从事质量管理的人员可利用手机或者电脑上的应用程序，完成现场质量管理信息的采集和汇总，将汇总、整理后的质量管理信息输入 BIM 质量管理信息平台，通过信息平台的处理和分析，以三维建筑物模型的形式在平台中进行直观的呈现；然后，质量管理者可以利用自己的移动终端信息读取查询，对问题进行合理、及时的监测与解决，做到信息的及时传递和共享，以达到管理的信息化、细致化、高效化。

五是可以全面模拟建筑物的建造全过程。工程项目质量管理人员通过 BIM 技术的仿真、模拟功能，可以全面模拟建筑物的建造全过程，在 BIM 仿真平台中利用计算机对工程项目的建造过程进行模拟和仿真，如项目施工现场的总平面布置、室外施工路线的选择、生产工艺工法的圈定、施工周期的推算、施工设备和材料的运输及周转等信息都可以在 BIM 仿真平台中得到全面和真实的呈现，从而能够提前发现施工过程中可能存在的质量风险和隐患。对可能发生或将要发生的质量问题进行分类研究，并从不同层次给出相应的整改意见与对策，在整个 BIM 模块当中进行信息的调整与完善，继而开展第二次的模拟训练。通过多次重复性的模拟和仿真，可以有效地减少甚至杜绝建筑工程在质量管理工作中可能出现的问题。使用这样基于 BIM 技术的质量管理体系的标准模型系统，来取代传统模式质量管理体系的方式与方法，效益将是十分可观的，因为工程项目管理者将能够利用 BIM 协同质量管控平台作出更直观、更科学、更合理、更可行的质量管理与评估，从而大大提高质量管理体系和控制系统的效率。

第三节　BIM 技术在建筑工程质量管理中的应用实例

本节将对 G 项目的进展情况进行详细介绍，通过对该项目的基本状况、特点、项目技术标准及主要施工内容进行梳理，依据项目质量目标及质量体系，了解 G 项目质量管理情况。将该项目在实际管理中可能出现的诸多问题进行列举，并以此为依据对传统质量管理模式的难点以及弊病进行分析。

一、项目概述

（一）项目情况简介

G 项目位于沿海地段，占地面积为 54058.10 平方米，地上最高为 24 层，建筑功能为酒店群与商业办公的综合性项目。项目包括 7 栋主楼，其中 5 栋为高层建筑、2 栋为多层建筑（见表 4-1），地下两层为车库及酒店配套设备用房。7 栋主楼均为框架剪力墙结构，外墙主要为玻璃幕墙和石材幕墙、内墙主要为加气混凝土砌块。建成后该项目将成为以高端酒店运营为主、商业办公为辅的标志性城市综合性建筑群，为客户提供高端的商务住宿、会议场所、购物休憩服务，同时兼顾精致的度假生活。

表 4-1　G 项目建筑主体基本情况

建筑类型	主体建筑编号（#）	建筑高度（m）
高层	1	99.90
高层	2	30.00
高层	3	89.50
高层	4	90.70
高层	5	72.00
多层	6	15.60
多层	7	13.00

（二）项目的主要特点

（1）规模大。该项目占地面积为 54058.10 平方米，总建筑面积为 173930.00 平方米，跨度大、施工区域分布面广。

（2）建筑群以高层建筑为主。高层建筑不同于一般的建筑，对勘察设计、施工技能、材料选择、建造水平等方面都有着非常严格的规定。

（3）项目地形复杂。项目的用地呈梯形，场地东低西高，从东侧沿海滨路开始绝对标高 10 米，到西侧用地边界绝对标高 20 米。

二、项目主要施工内容

G 项目建筑规模大、建筑结构复杂，建筑使用年限为 50 年，项目设计及施工内容主要包括 5 个方面，分别为：结构主体、给排水、消防、电气、采暖通风与空调。

（一）结构主体工程

7 栋主体建筑均采取现浇钢筋混凝土框架剪力墙的构造系统，现浇钢筋混凝土楼屋面板。构架的抗震级别为构架二级、剪力墙二级，基础形式采用筏板基础。主体构造材质和特殊建筑材料采用强度为 C30-C60 的混凝土和 HRB400 钢筋（$f_y = 360N/mm^2$）。

（二）给排水工程

给排水区域主要涉及室内给水控制系统、商用热水控制系统、室内污废水排放控制系统、室内外给水系统、雨水排放系统、污水排放系统。

（三）消防工程

该工程 7 栋主体耐火等级分别为：1#、2#、3#、4#、5#楼为一级，6#、7#为二级。

1#、3#、4#、5#建筑为主塔楼，主塔标准楼面每层均为 1 个防火分区，并设有 2 部紧急疏散楼梯和 1 部消防电梯，楼梯建筑数量和位置均符合消防技术规范标准，且 2 部楼梯间均通至屋面。2#楼宴会中心按照二类高层，防火分区按 3000 平方米为 1 个单位进行规划。地下室根据国家标准面积要求划定，停车库区域防火分区按 4000 平方米划定，后勤用房防火分区按 1000 平方米划定，设备用房防火分区按 2000 平方米划定，每个分区设有 2 个安全疏散出口，当防火分区有 1 条阶梯为安全疏散口时，应另设 1 条阶梯通往其他消防分区的安全出口。

（四）电气工程

该建筑的电气设备分为强电与弱电两个方面，强电方面主要是指变配电网络系统、照明、供电、应急供电、防雷接地等。弱电方面为信息通信与网络系统（包含电视网络系统、智能化管理系统、数据传输管理系统）、综合安防系统（包含图像监控管理系统、停车道闸管理系统、电子围栏防盗管理系统、电子巡更管理系统）、建筑自控系统、能耗计算管理系统、智能调光管理系统、客房管理系统、卫星与有线电视网络系统、消防用电系统等 14 个系统。

（五）采暖通风与空调工程

采暖通风和室内空气调控的工作范围，主要有供暖、通风、中央空调系统以及防、排烟系统。

三、项目质量管理情况

（一）项目质量管理存在的问题

G 项目建筑规模大，建筑物以高层为主，对勘察设计、工人技能、材料选择、建造水平和管理水平等方面要求高；项目地形复杂，施工用地呈梯形，场地东低西高，从东侧沿海滨路开始绝对标高 10 米，到西侧用地边界绝对标高 20 米。这些因素导致 G 项目施工难度比常规项目增加很多，其在项目实施过程中存在较多质量管理问题，制约 G 项目工程质量的提高，其存在的主要问题如下。

1. 项目质量管理目标混乱

工程项目的质量管理目标不仅是项目所要达成的结果，也是项目在实施过程中质量控制的指引。对于 G 项目，EPC 总承包单位提出的“技术引领，质量第一，科学管理，竭诚服务，持续改进”等质量管理目标和口号，往往过于空泛、缺少实质性内容，不具备可执行性。G 项目的质量目标需要进一步明确甚至量化，其质量管理目标必须首先满足建设单位的要求；其次，质量目标应与本单位的质量管理方针保持一致；最后，目标应具有可执行性。

2. 项目实施过程中质量控制能力不足

G 项目从项目立项→可行性研究→土地招拍挂→EPC 招标→竣工验收→交付使用，整个项目实施周期长、时间跨度大、质量控制点多、质量控制难度大。在其实施过程中，设计单位、施工单位、供货商都是站在各自的角度考虑质量问题，进一步加大了质量管理难度。G 项目实施过程中质量控制能力不足主要体现在以下几个方面。

（1）忽略项目实施过程中的质量检查。在 G 项目设计阶段 EPC 总承包单位没有及时对设计方案进行仔细的审查。由于项目工期较紧，设计时间被多次压缩，导致图纸校审人员没有足够时间对设计图纸进行校核，校审深度不足，导致最终的设计图纸在施工阶段多次修改，不仅增加施工成本还多次延误工期。在施工阶段由于总承包单位“三检”制度在执行过程中不被管理层重视，导致施工质量问题无法在总承包单位内部被发现和解决，各种质量问题往往是在分部、分项工程验收时被监理甚至建设单位发现，从而增加了整改难度和成本。

（2）质量管理人员水平参差不齐。工程质量管理人员是工程项目进行质量管理的主力军，G 项目的高质量标准需要各质量管理人员共同努力才能实现。但是部分质量管理人员的质量意识淡薄、责任心不强、不主动熟悉和学习图纸、不考虑项目的需要，只会照搬自己以往工程从业经验，其工作成果往往无法满足 G 项目的质量管理要求。部分管理人员在项目实施过程中发现了质量问题不及时处理，往往等到项目周例会时再统一提出和处理；部分质量管理人员不严格执行总承包单位的“三检”制度，导致各种施工质量问题无法在总承包单位内部被发现和解决。

质量管理人员年轻化也是管理水平不足的重要体现，总承包单位从事质量管理的人员多是刚离开校园不久的学生，他们在工程基础知识方面有一定的优势，但缺乏工程实践经验、缺少工程全局管理意识、缺乏工程项目经验的积累，对现有的工程施工标准规范掌握不准确，因此在 G 项目实施过程中对施工、检查、方案编制等方面考虑得较少，影响了工程质量管理的效果。

（3）对质量管理成果的评价不足。当前国内各工程项目缺少对质量管理成果评价的重视，图审阶段往往是对设计图纸强制规范执行情况的检查，无法对项目质量的提升有大的促进作用，对工程施工阶段的质量评价更是少之又少，虽有部分重点项目会要求专家进行评审，但评审专家意见往往起不到对项目总体的评价作用。

3. 专业之间协作难度大

在 G 项目实施过程中，参与的专业较多，包括土建、给排水、电气、暖通、消防、精装修、幕墙以及市政配套等专业，从项目立项到项目交付使用，各专业之间要不断进行资料的互提和工序的衔接，由此出现了大量的协作关系。尤其在施工阶段，土建专业是其他所有专业实施的基础，各专业均需在土建精确预留预埋的基础上进行施工，而电气、给排水和暖通又是消防验收的前置条件，精装修和幕墙施工又与消防、土建的专业交叉进行。G 项目施工流程较为烦琐，各施工过程互相交织，整个项目在管理、协作方面出现了很大的难度。

（二）质量管理问题产生的原因

根据 G 项目实施情况，结合出现的质量问题和管理问题总结出影响 G 项目质量的因素主要有以下 9 个方面。

1. 施工项目质量管理体系与人的问题

首先，在项目施工过程中，出现了一些项目管理人员本身的理论技术不过硬、对现场施工作业人员管理不足的状况，在现场的质量管理流程中也存在着纰漏，从而不能严格按照国家有关规范要求和企业质量标准要求执行的情况。其次，即使是在同一项目中的同一工种，施工人员的综合能力也差异颇大，使得整体施工队伍的质量无法得以保证。同时，由于管理人员在安排施工作业时，通常都是按照工种数量和批次进行分配作业，而没有对这些作业人员的差异性加以充分考虑，也导致了施工双方无法实现良性合作，从而影响了施工质量。最后，由于 G 项目工程量大，且作为省级优选项目，对工期的要求较为紧张，项目承揽方内部稳定的施工人员数量达不到项目本身要求，必须大量招募外来施工人员，这类施工人员水平和经验参差不齐，再加上这些施工人员自身的不稳定性，很难对所有人员进行上岗前的充分培训，也导致在后续项目中无法对施工质量进行保证。

2. 施工项目质量管理体系与材料的问题

建材产品质量是建筑工程的基本物料要求，而物料质量又是建筑工程的基石，一旦物料质量没有达到要求，建筑工程质量也就不能够满足要求。因此，材料对整个项目的质量影响是巨大的。

该项目建成投入运营后为高端酒店群项目。众所周知，高端酒店对设计标准要求极高，同时涵盖建设内容甚广。例如，该项目涉及的材料种类极多、范围极广，诸如此类对材料的选择问题不计其数。这无疑是对采购人员专业能力的一种挑战。该工程项目涉及通风、水、电气、砌筑、精装等专业，涉及的学科领域相互之间并不一致。对于这些物料，采购人可能仅对某种或某几种材料具有良好的识别能力以及较高的专业技术水平，对其他种类的材料仅能单纯地通过材质外形、型号以及数量等作出简易的测量与识别，无法对材料的其他性能进行把控。管理者在建设过程中，对材料的进场往往也无法做到与施工要求保持一致。

3. 工程项目质量管理体系和设备的问题

施工中往往需要从施工现场场地要求、工程机构型式、施工工艺与方式以及施工技术经济性等方面综合考虑和选择设备的型式与参数。

在具体工程建设中，有些机械的操作人员未能根据相应的操作规程对机械实行合理操作，而不少机械正是因为使用不合理，也未能对机械设备实行按期的维护与检查，致使机械故障频发，从而导致了工程进度的严重延误，进而造成了工程总价增加。

部分设备的作业管理人员未能严格依据相应的操作规程对机器实施合理操作，由此导致部分设备的寿命问题，存在部分设备未能在该工程中实现预期价值的情况。这一方面是由于设备自身故障出现了施工质量不达标需要重新返工的问题；另一方面是由于一些大型设备自身价格高昂，采购人员在进行设备更新时出于成本的考虑会选择采购一些非指定品牌但价格相对较低的设备来代替施工，因此无法确保工程质量。

4. 施工项目质量管理体系与方法的问题

施工方法涉及一个工程建设阶段内所实施的技术方案、技术流程、组织措施、工程测量手段、施工组织设计等。工程建设方式的合理与否，直接影响质量控制工作能否顺利完成。对施工方式的考虑不周也会耽误时间，甚至影响工程质量。

在项目过程中，需要对施工中出现的问题及时发现和处理。而项目的质量控制方式主要面临着以下两个问题。一是该项目的质量管理人员存在不稳定性，导致部分施工内容疏于管理，甚至在特定时期某些施工内容中存在质量管理空白区。二是由于该工程的施工内容较广且施工类别多，为了完成项目原计划的工期，将不同施工内容在一起开展施工，而不同施工类型之间又没有进行有效的信息沟通，某个类型发生了重大施工变更后没有及时和其他类型协调，从而造成了其他类型根据原定的施工方案开展施工后出现问题的情况时有发生。仅靠通过每周例会或每日进度总结等方式的协同管理工作，就常常会出现管理工作不到位导致解决问题不及时的情况，甚至发生多次返工，从而严重影响施工质量。

5. 施工项目质量管理与环境的问题

影响质量的环境条件较多，有地质、水文、天气、噪声、气流、振动、光照、环境污染等。环境条件对质量的影响有着复杂而多样的特性，如气象条件就变化万千，温差、潮湿、强风、大雨、酷暑、严寒等都影响质量，因此，通常先一工序是后一工序的环境，先一分项、再分项工程项目也是后一分项、再分项项目的环境。如果在建筑施工过程中不能对环境问题有充分的考量，就难免会出现许多突发问题而无法及时处理，这就需要我们在工程建设时针对工程特性和具体情况，采取相应的保护措施并严加监控。在酷暑时节、冬雨期、风季建筑施工时，应根据建筑工程的特殊性，尤其是钢筋建设工程、土地建设工程、水下建筑施工和高空作业等，制定时节性提高建筑施工质量的措施，以避免建筑工程遭受寒冰腐蚀、干裂、冲击等的影响。同时，还要进一步完善对建设施工现场的环境保护，尽可能减少因建筑施工过程所形成的自然危害及对周围环境的污染，进一步完善对建筑施工现场的管理体系，以做到文明施工。

6. 总承包单位对质量管理重视不足、质量管理理念较差

EPC 总承包模式的最大优点是建设单位只需要对总承包单位进行管理，合同主体通常只有建设单位和总承包单位，责任关系相对较简单。在 EPC 总承包模式下，由于建设单位对工程建设的参与较少，且建设单位的管理责任通常是通过监理单位间接对工程项目的质量进行监督管理，总承包单位往往会放松对质量的管理。对于工程建设而言，通常需要同时兼顾质量、安全、成本和进度四大责任目标，但在实际工程建设过程中，总承包单位从自身利益考虑，往往会更加重视工程项目的成本和工期。

7. 总承包单位质量管理体系不完善、管理程序混乱

工程项目进行质量管理工作应建立质量管理体系、明确质量管理目标。质量管理体系是指在工程项目实施过程中进行管理活动所必需的质量要求和管理程序，用于指导工程项目质量管理活动正常进行。在 EPC 总承包模式下进行质量管理时，总承包单位自身管理能力的不足，往往体现在质量管理体系不完备或者管理流程紊乱、执行效率低上，这使总承包单位进行质量管理活动时偏向于项目建设过程的某个局部的点或者阶段，如设计准备阶段或者采购阶段等。还有质量管理流程不清晰，不具备可操作性，不能满足工程项目全过程的质量管理要求。此外，由于 EPC 总承包模式下总承包单位需要管理较多的分包单位和施工人员，且我国建筑业从业人员素质普遍相对较低，若总承包单位没有有效的管理制度和管理流程，将出现不按规范流程办事的现象，使质量管理工作流于形式。

8. 总承包管理模式下各参建单位或各专业之间相互沟通协调不顺畅

由于 EPC 总承包项目参与单位较多，涉及建设单位、监理单位、总承包单位以及总承包单位管理下的各分包单位、材料设备供应商等，因此各参建单位之间的沟通成为项目管理过程中的常态化工作。但是在工程项目实施过程中，基于市场环境的原因，设计、采购、施工各环节往往都是分包出去的，在项目总承包单位很少有自己的作业人员，EPC 项目管理部主要负责对这些分包单位进行管理。因此在项目部层面上，要实现这些分包单位与 EPC 项目管理部的各部门之间良好的协调存在很大难度。此外，对于建筑结构、暖通安装、给排水安装、电气安装等专业之间缺少科学合理的、具备可操作的流程来保证沟通的顺畅。

9. EPC 总承包单位项目管理部缺少提高工程质量的动力

工程项目质量管理的目标不仅是使项目质量达到国家相关规范要求以及与建设单位合

同约定的目标，还应该包括在质量管理过程中对于出现的质量问题进行的统计分析、总结经验、提升改进等工作。但是在实际操作中，总承包单位项目管理部通常只对工程项目实体出现的质量问题进行修正，而基于费用和工期的原因，对于制度、流程等问题的改进很少进行。

除上述问题外，施工流程中涉及的专业工种和参与方比较多，针对每个施工的主体而言，把不同专业的管道和设施集成在一个单体施工项目中，在受限的空间设计里布局大量的管道设施，极易发生碰撞和质量缺陷，尤其作为高层建筑，更是对其要求极为严苛。各专业之间的关键部位节点数量众多，但由于对技术参数和产品质量的要求较高，因此极易出现产品质量不合格的问题。质量管理工作中质量信息的传输和共享容易形成“信息孤岛”，造成在各施工区段间的管理协同作业效能低下。大型工程机械设备的安装，采取什么样的方法、途径把机械设备运输至工程安装部位以及采用什么样的安装方法才可以实现迅速、正确的安放也是工程安装施工过程中的重点与难点。

第四节　BIM 技术在建筑工程质量管理中的具体实施

随着建筑行业的高速发展，传统的质量管理模式已经难以保障项目的质量需求，作为新兴的质量管理手段，将 BIM 技术引入国家重点、省重点乃至其他个体项目的质量管理体系已迫在眉睫。本节将对 BIM 技术的部署及应用进行详细介绍，通过对第三节中提到的 G 项目的管理问题进行逐一解决，分析 BIM 技术在建筑工程质量管理过程中的优势以及应用前景。

一、BIM 技术的实施

（一）实施目标及实施表现

应用 BIM 项目管理信息化平台开展 G 项目质量管理工作，以提高 G 项目开发效益、改善施工效率、压缩施工时间、减少建造成本为目的。在 G 项目质量管理过程中 BIM 技术的应用工作大致包括：①BIM 方案和模型规范的制订；②创建模型；③BIM 的实现应用以及维护与改进；④BIM 竣工模板的交付。该项目运用 BIM 技术，表现在以下几个方面。

1. 三维渲染，宣传展示

绘制三维动画，给人以真实与直观的视觉效果感受，并且已建好的 BIM 也能够成为绘制三维动画的基础，进而极大地提高了三维空间绘制的精度和效率。

2. 快速算量，精度提升

对该建设项目 BIM 数据库系统的建设，经过建设 5D 相关数据库系统，能够及时快速测算工期，提高建设计划的准确性和有效性。由于 BIM 数据库的数据粒度远超过传统构件层，因此能够迅速提取支撑工程项目各条线路及管理所需要的数据信息，从而高效提升工程建设管理水平。

3. 精确计划，减少浪费

施工公司多是粗放式项目管理，而很难做到精细化项目管理的根本原因就在于项目管理中涉及海量的施工数据，导致公司无法迅速精准地掌握有效信息。而 BIM 的出现能够使工程质量管理从业人员快速、精准地掌握施工过程中的基础数据，为各参与建设单位制订更为准确的人员、材料、设备等资源计划提供有效保障，从而极大地降低在资源加工、运输和周转过程中的损耗，为进行限时限额领料、降低资源损耗提供有力的技术支撑。

4. 虚拟施工，有效协同

利用 BIM 的三维空间可视化技术再辅以时间维度，即可完成虚拟建筑施工。随时随地直接高效地将施工方案和现场进展情况加以对照并实施高效配合，施工方、监理方、业主方均对整个工程的所有过程与结果了如指掌，有效解决了信息传递不及时的问题。这样运用 BIM 技术进行建筑仿真模拟和施工视频监控，可以有效降低建筑产品质量问题和安全性问题发生的概率，并减少工程项目返工概率和整改频率。

5. 碰撞检查，减少返工

BIM 技术最大的特点就是可以对拟建物进行建模，以三维可视模型的图像呈现出拟建物的各部位构造。在机电专业中利用 BIM 的三维可视化技术在前期就可以对各管路敷设进行碰撞测试，并生成检测报告，以便对管路设计进行优化，大大降低在施工中出现返工和损失的可能性。施工还能够使用经过碰撞优化后的三维管线方案设计，从而进行设计图纸会审、局部打样等工作，大大提升建筑质量，同样也增强了各参建方之间的沟通能力。

6. 协调冲突，决策支持

在 BIM 数据库中储存着与建筑物有关的大量信息，这些信息能够为工程项目建设提供强大的数据支持，同时这些数据能够在协同平台上被各项目参建单位和管理单位实时共享。这些与建筑物有关的信息可以按照时间维度、资金数值、空间类型等不同角度加以区分、比较和分析，便于各参建和管理单位从不同角度对工程数据进行读取和储存，为管理者在制订工程实施方案、制订项目资金计划、继续项目管理和进度款支付管理等方面提供决策依据。

（二）方案制定

建设项目在开始采用 BIM 信息技术之前，先由 SPV（公司）牵头组织 BIM 队伍，协调各参建方（包含工程设计方、总包方、咨询方、监理验收方）开展协同办公，并按照工程项目建设内容组织方案，根据相应的标准要求，提出该建设项目的 BIM 方案和 BIM 建模标准。根据 BIM 质量管理体系的有关规定，最终提出建设项目中使用 BIM 信息技术的战略方针与施工目标，确定各专业的 BIM 职责范围及其信息技术应用路线，以确保项目顺利地进行。

（三）团队组织架构

G 项目组建的 BIM 团队共由 17 人组成，SPV（公司）作为 BIM 组组长，负责统筹整个 BIM 团队的管理工作，下面设立土建小组、机电小组和后期动画渲染小组，每个小组专职负责该项目的土建建模、机电建模以及后期渲染和三维动画的制作。该项目在对该工程 BIM 队伍的组织过程中，制定了严格的准入制度，以保证每个成员的专业技术能力，确保每一个小组成员的 BIM 能力都能够达到高度自主作业的程度。这不但需要成员必须具备坚实的 BIM 理论知识基础和实践经验，还要求其具有大量的现场应用经验和项目管理经历，从而保证该工程项目高效率、高水平、高质量地完成。基于此，该项目 BIM 技术团队的组织架构如图 4-1 所示。

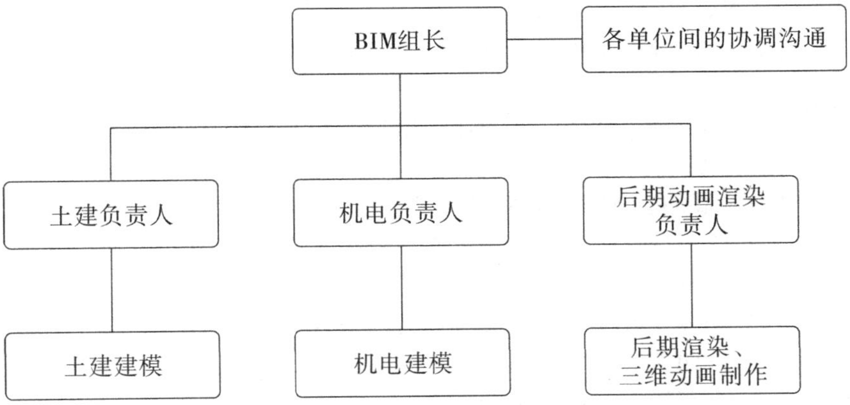

图 4-1　BIM 团队组织架构

（四）BIM 团队工作内容

BIM 团队作为本项目的核心工程技术队伍，能够高效处理工程项目中几乎所有的技术难点与痛点问题。同时，BIM 队伍作为一个团体，任务合理的分配也是提高队伍工作质量和工作效率的先决条件，可以有效地提高队伍内部的协作成熟程度和凝聚力，从而突破技术难题、解决工作问题。正是这样一种合理明确的任务分配才能够使队伍有条不紊地工作下去。该项目 BIM 工作小组针对实际工作情况，具体分工见表 4-2。

表 4-2　BIM 技术小组分工

工作人员	工作任务及职责
小组负责人	（1）全面负责 BIM 技术在该工程项目中的应用工作。 （2）建立健全 BIM 技术小组及相关管理、考核制度，制订 BIM 在本工程中的具体应用及实施计划。根据项目管理办法和评审委员会相关要求，组建 BIM 任务队伍，构建并优化本工程的各专业模块，协助人力资源部门招聘小组成员，制定各成员的岗位职责和责任分工。 （3）小组组建初期负责对各成员进行培训，使其了解并掌握本工程中总承包合同、各专业图纸和技术标准要求。 （4）根据建设单位的要求情况，对工程项目进行深化，并制订切实可行的解决方案。 （5）参加建设单位、监理单位和总承包单位组织的研讨、协调会议。 （6）定期组织业主代表、总监理工程师、总承包单位项目经理对 BIM 方案进行审核
BIM 技术组小组长（不同类别组负责人）	（1）参与工程项目中 BIM 工程技术人员的日常管理。 （2）掌握并了解本工程项目的设计合同、各专业图样和工程技术。 （3）针对本工程项目实际状况，积极组织制订意义重大和作用重要的深化设计方案。 （4）参加本工程项目的深化方案设计前期的方案审核和工程模型提交前建模的综合审核工作。 （5）承担本工程施工方案设计深化建模、施工方案设计比选综合审核、撰写有关的工程技术文档等工作。 （6）依据模型提交前的综合审核意见和建议，组织对施工建模图样予以修订，并组织将修订后的 BIM 依据要求由各专业转换成平面图、立面图和断面图等，作为指导施工设计的基础图样。 （7）牵头小组办理图样交接和工程技术交底。对本项目的建设全过程实施监控，对所有 BIM 模块均实施同步维护，对项目建设过程中发生的变化及时作出变更处理，并始终保持所有 BIM 模块的更新版本
各专业 BIM 技术人员	（1）对本建设项目的全过程实施监控，并对 BIM 模块实施同步保护。 （2）将图样交由有关方签字确认，并负责共同做好模板段、模板间，进行施工技术安全交底。 （3）按照双方签字确认的图样，与工程项目部经理共同指挥小组对模板段、模板间开展建筑施工。 （4）对模板段、模板间进行检查，负责将图样分发给现场施工小组（有旧版图样则应尽快回收），并共同做好施工技术安全交底，共同引导现场施工组按图样、模板段、模板间进行施工。 （5）对建筑施工过程中发生的技术变化，尽快上报给 BIM 科技总监审批，同意后尽快对模型和图样进行技术变更处理。 （6）始终保持 BIM 模块的最新版本。 （7）始终保证在专案人员和小组手上的施工图都是新版本

（五）BIM 团队工作流程

为使该项目的 BIM 团队工作得以更为切实有效地落实下去，使 BIM 的相关工作流程实施得更加经济、合理和简单，进而提升工作效率，为整个建设项目的施工阶段更好地服务，同时为了工程总体目标的完成和达到，实现为整个工程项目服务增值的终极目的，本工程项目 BIM 队伍的主要管理人结合团队以往 BIM 技术应用经验，并根据项目现场的实际工作状况，建立了一套适合本工程项目特征和状况的工作流程。在项目日常工作中严格遵循该工作流程，并且工作流程的具体实施状况由项目管理负责人监管和考评。G 项目 BIM 团队的工作流程如图 4-2 所示。

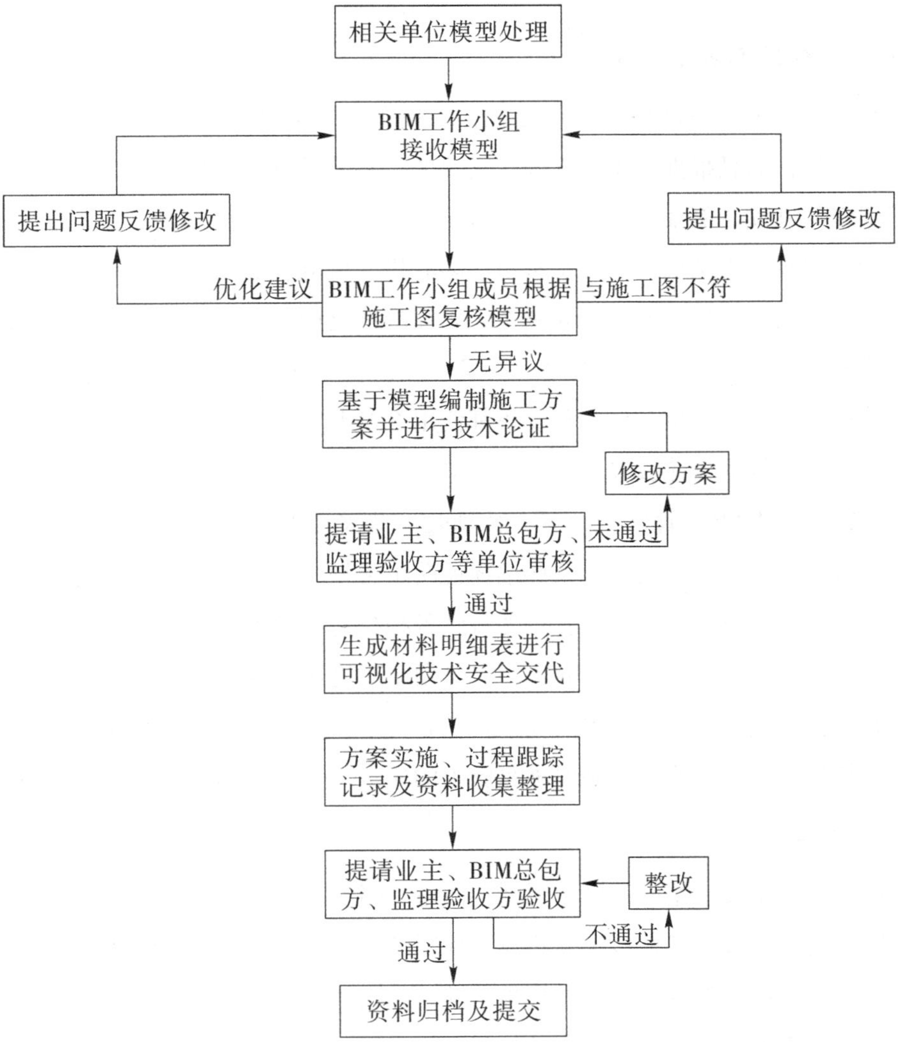

图 4-2　BIM 工作流程

二、BIM 技术在事前质量管理中的应用

该工程项目为某市的第一个高档酒店集群建设项目，对日后在该市形成高档酒店品牌布局可提供一个很好的开端，因此该工程项目对其所包含的各类建筑工程要求极高。由于该工程项目体量巨大，而所有不同类型的建筑工程内部又彼此交错，尤为复杂，因此运用BIM 统一平台设计技术，完成对该工程项目的可视化工程设计，并组织专门的 BIM 技术团队对该工程项目完成 BIM 三维模型搭建，在项目开工前就设备材料物资统计管理、施工图会审、三临设施建模以及可视化交底方面进行质量管理，为后续实现质量目标起到关键作用。

（一）材料设备物资统计管理

本工程的规模大、规格高、地形复杂，所需的材料种类繁多，包括风、水、电、砌筑、装修等材料，而且根据施工的不同，需要的材料种类也不尽相同，给施工单位和监理方带来了很多的麻烦。例如，现场的玻璃幕墙、各类门窗、天花吊顶、各类施工管线以及管材、风阀、水阀、空调机组、冷水机组、多联机、风机、消火栓箱、水泵和密闭污水装置以及各类大型机电工程设备等，如果按照以往的传统设计和管理方法，其投入的材料设备和人力成本是不可估量的。基于此，本书对该项目建立了 BIM 材料信息数据库，利用BIM 庞大的信息数据库将所有材料和设备都使用 BIM 信息化平台进行统一的管理，能够迅速地抽取出每个部件的具体属性。比如，在 G 项目中，在安装冷水机房管道之前，可以从Revit 中提取出各个管道、管件的数据，特别是一些关键的和特别的零件属性，从本系统内调用循环水系统中一个断流阀，其详细地说明了类型、半径、长度、厚度等细节，这样可以让施工方、监理方、设计方很直观地看到各种材料和设备的详细情况。对其原材料的统计管理，一是便于对其进行技术介入；二是便于对进场的材料设备进行统一监管，保证其施工材料的性能达到项目所要求的标准；三是可以让参与施工的所有人员从根本上了解每个构件的特性、功能和作用，确保项目施工的质量。

（二）施工图会审

建设项目施工主要依据施工设计图纸，而施工图纸会审也是处理建筑图纸设计过程本身所产生问题的有效方式。在传统的建筑设计图纸会审的基础上，根据 BIM 总包所形成的建筑工程 BIM，对比施工设计图，进行相互排查。同时运用 BIM 的三维技术在前期进行碰撞检测，准确发现图纸的设计问题以及工程质量问题，从而解决建筑空间关系矛盾，减少“错、漏、碰、缺”的问题，进而降低在建筑工程中设计变更的概率。通过三维的管线综合，还能够大幅度提高水、暖、家电等建筑专业设备的安装质量。如果发现图纸中所表达的设计思路与 BIM 建模不相符合时，则重点检验 BIM 的构建是否合理，而在确定 BIM 建

模为完全在依据施工设计图纸的基础上进行的构建后，可使用 Revit 进行碰撞检验，以寻找在不同专业之间或者专业内部之间设计意图上产生矛盾的构件。比如，在进行某工程的给排水管道碰撞检验过程中发现，在高度-1.000 米处一根循环给水管道和混凝土梁之间发生冲突，通过判断其搭建并无错误的情况下，各工程主要参与者经过全面考虑分析之后，得出了结论：可将该给水管道的安装高度向上调节 60 毫米，以解决安装冲突的矛盾而不产生其他影响。从而在施工前就有效规避该问题，保证施工环节的进展顺利。诸如此类的问题，在利用 BIM 通过图纸会审发现后，将出现的问题及时利用项目局域网，发给业主、监理验收方、总包方、设计方等有关单位进行评估、调整等工作。而有关单位在进行响应反馈之后，也同样能够运用项目局域网，迅速地将问题处理意见与结果及时送达所有有关单位，从而提高工作进度和效率，进而减少传统工程项目质量监督管理中的一系列烦琐工作，保障项目的整体施工质量。

（三）三临设施建模

三临设施即临水、临电和临时道路，项目施工得以顺利地进行，离不开完备且周到的三临设施。在进场前，可以利用 BIM 技术对三临设施进行模型搭建，从而能够合理地对三临设施进行管线优化、预检工程成品效果。同时，可以通过对建设项目的施工现场内临时灯光照明效果、物料存放、运送路径等多方面进行仿真，以实现方案规范、设备安全、现场整洁的目标。通过构建以 BIM 为基础的重大危险源辨识系统，根据《重大危险源辨识标准》的有关条款，优先找到建筑项目施工流程中的所有重大风险源，并加以标识。根据上述工作最终采取最优的三临施工方案，在实现临时设施完全满足现场施工需求的前提下，减少工程量，同时降低工程预算，为后续开展施工做好前提保障，防止由于照明亮化效果差导致的安装错误问题、场地不整洁导致的材料破损等工程质量问题的发生。

（四）可视化交底

通过使用 BIM 技术，企业在对工程项目操作人员进行技术、安全等有关施工管理要求交底时其内容就显得非常清晰而且完整。BIM 技术系统能够使工程从业人员迅速获得有关工程中每一个材料和每一种结构的详细信息。比如，能够把各种管道和管件的结构属性信息加以收集整理，再结合相应技术编制成表格，分发给工程从业人员作为建筑管理和工地操作的重要依据，从根本上避免专业技能欠缺而导致的错用、误用工程材料构件的情况。另外，也可根据工期计划和施工方案，利用 BIM 制作 4D 建筑仿真，由实际参与此项工作的现场人员和操作人员，通过多媒体可视化交底的形式，对实际施工流程的每一个过程和细节进行详尽的说明，从而使参加项目的每一个人都能够在工程实施之前，对实际施工的整个流程更加清晰了解。如图 4-3 所示，其为该项目中的一部分消防水管安装施工模拟 4D 动画播放截图，该动画直观地展示了该部分消防水管的安装方法，确保施工人员对此项工作理解到位，保证施工质量，降低返工概率，也为无法进行系统培训的替补施工人员提供了上岗前的培训依据，为实现“零质量事故”的质量目标提供保障。

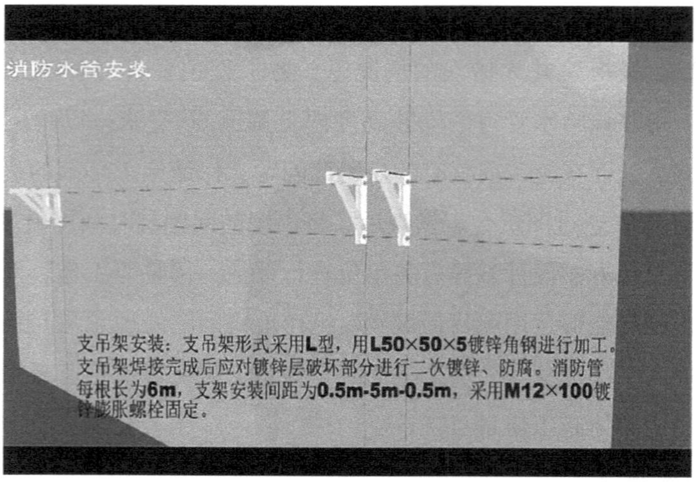

图 4-3　消防水管安装施工模拟

三、BIM 技术在事中质量管理中的应用

项目开始后对质量的管理关键点在于管理者对质量标准的坚持，要求进场材料必须满足其相关的质量标准以及质量要求，保证其工艺顺序无误，对施工过程中发现的问题及时地处理和协同，此时运用 BIM 技术对质量进行管理，无疑会将管理提升一个层次。

（一）BIM 协同管理

随着施工流程开展，往往会暴露出工程设计图纸中的瑕疵与问题，同时因为项目类别间存在着交织性，某一专业出现设计变更而影响其他专业设计的问题也层出不穷。在传统施工中，往往要在施工阶段才会发现前期某些类别的施工设计变更所造成的施工问题，然后再按照建设施工现场的管理规定，在进行汇报、设计检查、技术论证、设计变更、审查同意、部门联合发文等过程之后才能进行重新施工。而这种工作的每一个过程都要求有关部门工作人员按照规定逐一进行，所需要的工作时间很久，而且工程量大，造成生产效率低下、工期拖延等严重问题，并且反复的返工还严重影响了质量，对参加工程的所有当事人都会带来或多或少的经济损失。针对在该项目质量管理工作中存在的由于信息传输不准确、数据共享不全面而造成的信息“孤岛”现象，通过利用 BIM 技术建模就能够完全消除 G 项目质量管理工作各建筑区段的协同作业数据共享不全、工作效率下降的缺点。在某一项专业领域出现重大设计变更时，仅需在建模上加以调整，如当某 G 项目在建设施工过程中出现了构建碰撞时，仅通过运行碰撞检测系统就可以排除对其他专业领域的影响，而现场管理者可以借助项目的 BIM 工作平台，利用网络迅速地将项目中设计变更的有关信息及时进行公布，参加建设项目施工管理的各方立即就可以获得有关信息并作出关联反应，如此就可以在其他的各类项目中及时把情况调查清楚并排除问题，降低返工的概率，从而节省工期时间、减少工作量，在保证质量的同时也极大地提高效率。

（二）BIM 轻量化验收

在 G 项目施工的过程中，根据项目管理规则的要求需要实行检查验收制度，因此管理者对工程项目由整体到具体，由检验批到分项工程再到分部工程一直到整体的单项工程，都需要根据有关规范和指标实施严格的检查验收。面对此问题，BIM 工作小组通过将 BIM 庞大的信息数据库引入项目中，便可将这一项纷繁芜杂的工作庖丁解牛，首先将庞杂的工作任务目标进行具体分解并层层落实，之后再关联针对该项目搭建的 BIM 以及对应的技术标准和技术规范，使传统检查验收模式从形式上便开始简化，即无须再带上大量的施工图纸、技术标准、各类规范制度等资料进行现场检查验收。在检查验收时验收人员仅需随身携带好移动设备便可以完成精准的检查验收工作，同时还可以随时将在检查验收过程中发现的问题和检查的结果予以记录和存档，由此充分提高了工程管理人员的工作质量与效率，极大程度地减轻了压力。例如，G 项目的建设定位为高端酒店群，而按照《中华人民共和国星级酒店评定标准》的要求，五星级酒店 70%的客房面积（不含卫生间和走廊）都不得低于 20 平方米，因此管理者在验收和检测客房的开间、净高和净空时必须格外注意其数值的准确度。如果使用传统的验收模式，则需要从不同的施工图纸中去查阅、计算，但是该项目通过引入 BIM，仅需使用移动设备，通过 BIM 标注要检查的数据，就可以即刻获得准确的数据，让工作化繁为简且结果精准无误。

（三）BIM+三维扫描

在进场后，利用三维激光扫描技术得到三维点模型，在将三维建模技术和 BIM 结合后又对 BIM 建模进行了调整，进而得到和现场情况保持一致的 BIM，在此基础上再进行管线设计、排版和深化设计等工作，最大限度上降低返工概率，缩短工期。

（四）BIM 装配

G 项目中的供水、采暖通风与空气调节、电力、智能建筑等都涉及大量的安装施工，而在这里面，大型机械设备的安装也不胜枚举。对于这种大型设备而言，机壳和零件数量都相对较多且尺寸较大。怎么才能够将其运送至安装地点并完成组装与安置，将是该类机械设备施工的难点与重点。先对将要运送的设备与零件用 Revit 分别进行建模，再将其添加到通过 BIM 所形成的整体项目模块中，后导入 Navismanange 中对运送的路线进行建模与规划，最终制订完成大型设备的安装方案，对施工人员进行交底，从而减少施工错误，提高施工质量，有效地节约时间与费用。

四、BIM 技术在事后质量管理中的应用

建筑工程竣工并不意味着可以直接投入使用，还需要进行必要的调整和测试来保证在验收过程中能够以最初的设计为基准进行正常的运营活动。《中华人民共和国民法典》中明确规定了发包人在项目完成后的验收依据，因此，在验收环节，发包人必须严格按照建设项目的各类图纸、说明书和国家制定的各项有关规范进行检验。除此之外，为达到绝佳的验收效果，发包人往往还需要承包方提供材料的真实使用情况、设备的真实状况等运营维护的相关资料及文档。BIM 能够完整地把空间设备、设施参数和信息系统等与建筑有机融合在一起，可以让发包人和业主都有快捷途径全面地掌握有关建筑物的全部信息，利用 BIM 在施工中所记载的信息相互关联，甚至可以达到对隐蔽工程的验收。G 项目作为未来的城市地标，酒店周边配套购物休闲中心，建成后对其招商要求也颇高，BIM 技术的运用无疑是为高质量商家入驻提供了建筑质量的保障，一定程度上提高了项目的招商水平。项目的竣工信息和相关资料通过此模型进行集成后，为项目投入运营后酒店管理以及物业入驻的相关管理都带来极大的便利，在此基础上还能够对未来进行翻新工作、改造扩建工作提供可靠的历史信息。例如，在酒店投入运营之后，某个型号的风阀突然出现了问题，只需要在 BIM 中对该风阀的信息进行全面获取，如图 4-4 所示，就可以清晰地看出供货厂家、型号、品牌、位置等信息，其对项目后期进行运维管理起到不可估量的作用。

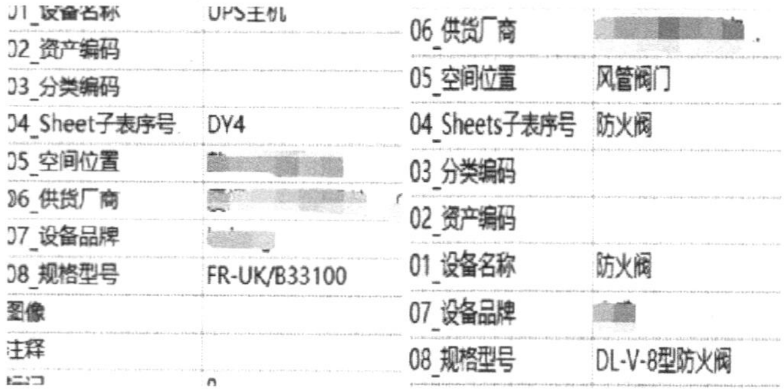

图 4-4　BIM 系统风阀信息管理

五、BIM 技术对 G 项目质量管理的改进

（一）BIM 技术的优势

BIM 技术在质量管理体系上的优势主要体现在如下 7 个方面。

1. 信息的可视化

可视化通俗上也可以理解为“所见即所得”的形式，在建筑领域中可视化的意义是非常重要的。举例来说，施工方根据从建筑设计方拿到的图纸，只是把各个结构的详细信息

用线条绘到图上并加以合理表现，但是整个建筑的实际结构则必须靠建筑行业的各参与人在脑中自主想象。这种想象法，对那些构造上较为简单的建筑构造来说未尝不可，但近年来业内的建筑风格形式各异、形状复杂，很难简单地依照人脑想象进行工程开发。为此 BIM 软件提供了可视化的功能，把以往二维的线条型建筑结构生成一个立体的三维空间模型，并在人眼前呈现。而建筑行业内也有由建筑设计方出效果图的方法，但这些效果图制作起来十分困难，往往需要通过专门的制作队伍进行分析设计，制作出线条型信息后才能进而制作出这种效果图，不能仅通过构件的数据信息制作，因为这当中缺少了同构件之间的反馈和互动。而 BIM 软件中所拥有的可视化功能则是一个与此不同的新概念，这种可视化可以通过一定的信息技术手段做到科学合理的人机交互。在通过 BIM 构建的数字化工程模式中，由于可视化已经涵盖了工程全部开发流程，不但能够呈现建筑项目的效果图，还能够以工程报表的形式体现 BIM 的可视化。更关键的是，在整个项目管理流程中包括工程设计建造运营过程以及在各种社会活动中的交流、决策、互动等都是能够以工程可视化的模式为基础实施的。

2. 信息的协调性

作为任何行业中必不可少的一部分，信息的沟通始终是很多从业人员所关心的重点，因此在整个项目的执行周期中，不管是业主还是监理单位、施工单位，只要开发项目中出现了一些难以解决的情况，就势必要把所有相关的信息参与方集合在一起加以协调商讨，从而查明产生实施困难情况的主要原因，然后提出新的方案进行解决和补救。针对这些领域发现问题后的应对与补救，通过 BIM 的信息协调性服务将能够很好地协助项目单位提前避免一些在工程设计时，由于各设计师之间存在着没有及时信息沟通的现象所产生的不同专业间的设计冲突之类的问题。例如，给排水等专业领域在进行工程施工设计时，因为设计图一般都是各自绘各自的，在施工过程中布设管道时很可能会恰好在某地有结构设计的梁等一些相关的构件在此处妨碍管道的布设，这些设计冲突问题在建筑工程中会频繁出现。但当下，在施工前期人们可以通过 BIM 对这类复杂的碰撞问题进行沟通协调，从而得到合理的协调数据，并将其展示出来。当然，对碰撞问题的处理也只是对 BIM 协调功能的一个简单运用，除此以外，BIM 还能够处理诸如电梯井布置或其他工程设计布置与净空条件之间的协调性问题。

3. 信息的模拟性

只是模拟出设计好的建筑物模型并不代表 BIM 的模拟性能，因为 BIM 还能够对无法在真实世界中正常运行的事物做出仿真。BIM 能够在设计阶段对建筑设计上某些必须经过仿真操作的内容做出仿真试验，比如紧急疏散仿真、节电仿真、热力传输仿真、日照模拟等。在建筑施工阶段或者招投标阶段还能够对建设项目做出 4D 仿真，也就是可以在 3D

仿真的基础上再加上实际建设项目的工期，换句话说，就是可以通过利用建筑的组织设计方案模拟实际建筑施工状况，并以此来制定一种较为科学合理的施工方法以引导实际工程建设。同时，BIM 还能够对已开发建设的项目提供 5D 仿真，即在 4D 模型上增加造价控制，以此来控制成本。

4. 信息的可优化性

现实中，工程的整体运作、制造、设计等流程，是一种不断对工程进行完善的过程，虽然 BIM 技术和项目的优化没有直接的联系，但 BIM 技术能够对工程项目的优化作出更好的处理。一个项目的优化主要受三个因素制约，即时间、信息和复杂程度。信息的不准确会严重影响项目的优化结果，BIM 为产品优化方面提供了关于建筑的详尽信息，内容涵盖了规范信息、物理信息、几何信息，并且还给出了对建筑经过优化之后的实际建造信息。对建造项目如此复杂的本身而言，其高复杂性将使参与人仅凭借自己的能力无法完全知晓有关工程的所有内容，还需要借助相应的现代科技设备或者信息技术的辅助。在现代科学的加持下衍生出来的工程，其高复杂性将远超建筑人本身想象的极限，在这些情形下使用 BIM 技术和与其相配套的各种优化工具，为高复杂性的建造项目中实现建筑优化创造了可能性。以下两个方面都是工程技术人员通过 BIM 技术所能够完成的优化工作。

（1）项目方案设计优化。将投资回报率分析与项目方案设计相结合，对于投资回报率所受设计变更的影响利用 BIM 软件进行即时测算，在此基础上业主和发包方对于项目设计方案的整体评价，也就不再只是停留在建筑形态结构是否优美这类的单一评判上，从而使业主能够更多地认识到考量项目设计方案的哪些方面将会对他们的需求更为有利。

（2）特定项目设计优化。如裙楼、房顶、幕墙、大空间建筑物内出现的异型建筑，虽然这些结构看起来在整个建筑物中所占比重并不是很大，但是其占用资金和工程量的比率却大大超过了想象。同时，基于建筑施工经验，此类建筑设计工程项目往往又是在施工问题较多和施工难度较大的区域，通过设计优化这类建筑项目管理的施工方法能够更有效地节省工期时间和施工成本。

5. 信息的一致性

信息的一致性也可称之为信息的一体化，通过 BIM 技术能够对项目实现统一管理，其中涵盖了从项目实施开始到运营交付的整个生命周期内的所有信息。BIM 软件的核心是一种涵盖了大量的三维建模的数据库系统，其中不但包含了建筑工程的所有设计数据，还包含从工程设计到交付使用，一直到生命周期结束的全部阶段的所有数据。

6. 信息的关联性

利用参数进行构建，而并非单纯地通过数字堆叠方式搭建的分析模型一般被称作“参数化建模”，通过调整模块中的各个参数值，能够建立出新的建筑模型并加以分析。在

BIM 中以建筑构件的形式来表现图元，利用参数的调节能够体现出构件之间的差别。在 BIM 中以参数的表现形式保存图元作为信息化发展中建筑结构的全部信息，利用 BIM 模块中所搭载的信息，软件就能够即时地完成演算操作，并且还能够得到相应的数据分析结果和图表。在 BIM 数字模型中某一图元模型出现了变化后，与之联动的相关数据模型也会发生相应改变。针对建筑数据资料进行综合而统一的数据分析，能够将建设工程项目中出现的问题用最少的时间进行最高效解决。

7. 信息的完备性

信息的完备性指不仅可以表述建筑的几何信息，同时还可以表述非几何信息。于是这种专门针对建筑而提供的一种完全真实的信息内容形式便产生了，包括：建筑方案内容、构件形式、图元型号以及建筑性能指标等在设计阶段所必须用到的建筑信息内容；生产时间、工艺技术过程、成本、人材机物资的质量安全情况等在工程建设阶段所要求的信息；建筑物料的耐火等级、设施设备的维修与保护信息、建筑结构的受力监测等在运营维护阶段所要求的信息。

通过科学合理地利用 BIM 技术，对项目的质量管理体系加以完善，可以大大提高项目的质量，提高建筑施工效果。在实际项目管理流程中，使用 BIM 技术时一般是以预期的质量目标为基础，对施工项目建模并加以分析解决，以相应标准为依据对相关的施工项目管理流程等诸多方面加以调整。根据工程中的具体需求构建相应的 BIM 模块，把工程各项关键参数加载在施工的数字模型当中，采集和整合施工材料的种类、数量和相关施工信息等全方位多角度的数据，并针对整个施工过程进行预先演练，以达到针对工程施工技术过程的有效管理和监督，从而可全面管理工程施工质量。

（二）BIM 技术在 G 项目中的应用

1. 从定性角度

从定性角度出发，针对传统质量管理模式的弊病，利用 BIM 技术的优点在 G 项目质量管理流程中采取了如下几个措施，取得了较好的应用效果，有效提高了 G 项目的工程质量。

（1）针对人员的问题，加强对人员的培训工作，所有人员上岗之前对其专业能力进行严格把关，同时签订责任书以保证其工作的严律性。对项目方主要管理人员通过 BIM 技术进行设计交底，在其进行施工前利用 BIM 让其直观地学习接下来的施工内容，确保施工人员对其施工内容理解到位，保证施工的质量。由于管理者大多仅是理论知识丰富，没有实际操作基础，对许多工序工艺和具体的操作技能都不甚了解，因此应通过对参与人员进行技术交底的方式让主要项目质量管理人员对施工内容进一步掌握，确保管理人员对所管理内容进行严格把控，避免后续问题的出现，为实现零质量问题奠定了基础。

（2）针对材料的问题，一是建立专家团队，根据不同的专业类别成立不同的材料采购小组，以确定各类材料具体的品类，防止问题的发生，真正实现“专业的人做专业的事”，通过专业团队的鉴别采购来保证进场材料的质量；二是严格把关原材料进场验收，通过引入 BIM 数据库，明确产品进场时必须严格履行进场验收手续，同时要求具体负责人对照设计文件检查每批产品的出厂合格证、性能检验报告、使用说明书等质量保证资料，对不同类别材料配备专业团队负责，并做好验收记录，并将以上内容实时导入 BIM 数据库中，也为后续施工进行续购提供了准确的依据。

（3）针对机械设备的问题，主要是建立起完备的机械设备管理机制，要求人机对应，责任到人对机械设备进行定期维护保养。通过 BIM 云平台建立台账，明确使用人员进场作业时间、使用机器编号类型及退场时间等信息。对机器故障应当及时报以维修，将该数据进行定期报送项目公司，并将以上内容纳入年底考核，与奖金挂钩。

（4）针对管理方法的问题，要求各参与方协同管理，利用 BIM 的协同平台做好信息共享，贯穿从设计→施工→运维的整个生命周期，真正实现多人异地协同管理。同时也将模型通过插件以轻量化文档的形式上传至网络平台，由参与者利用网络平台完成相关工作，从而切实地提升信息交流的效率，建立有效的信息沟通机制，成功避免由于沟通问题导致的返工现象发生。

（5）针对建筑室内环境的问题，运用 BIM 的仿真平台在建设之前就对建筑室内环境做出模拟，并提前对建筑内部结构的相互碰撞、地暖管线和用电管线之间潜在的交叉碰撞等问题进行预测，合理规避风险，避免出现返工的现象。还可以利用 BIM 技术的建模优势，预先找到问题并优化处理，为后期的施工建设与运维管理提供科学的数据支持，进而实现所谓的施工管控前置。BIM 技术还能够把在施工全过程中所形成的关键数据参数融入 BIM 中，再结合 BIM 的云平台，使现场管理者能够通过即时阅读模型数据、收集现场质量数据与图像等方式上传模型，从而完成 BIM 质量信息的即时传输和数据共享。

2. 从定量角度

从定量的角度出发，该施工项目在工程质量管理方面基于 BIM 技术的优势与其应用效果可以大体划分为以下几点。

（1）基于 BIM 技术创建包含施工项目所有工程信息的三维模型，有助于企业工程信息的修改与分享，大大提高了工作人员信息处理的效率，减少了工作量，参与项目的各方进行协调联络所需的时间通过使用可视化技术缩短多达 45 天，有效加快了工程进展。

（2）利用 BIM 技术中的三维模型进行碰撞检测，以便及时发现不同专业间构建的冲突，完全地映射设计中的问题，因此，能够对项目全程进行实时动态与可视化的精细化管理，从而达到成本节约的效果。与传统方式相比，节约比例高达 15%以上。通过应用 BIM

的技术，目前对各类材料的节约价值为 633.3 余万元，预计项目完工前节约比例达到 5.1%。

（3）BIM 技术中的三维技术交底让施工作业人员不被困在“图海”之中，不用再花费大量的时间用于审图，避免了施工过程中的返工和材料及设备的浪费，并且还可以利用 BIM 技术模拟仿真功能对工程项目进行施工指导。通过建立建筑物的三维模型，可以简洁与直观地反映出建筑物的细部构造，此特点在钢筋混凝土结构中有较好的应用效果。对施工流程使用 BIM 技术进行模拟优化，使工程可比预计工期提前 27 天完成，同时出现的质量问题与之前传统方式相比也大幅度减少。

（4）利用 BIM 技术对工程项目实施过程中的信息进行采集和收录，并对这些信息进行汇总、归纳与分析，找出工程项目实施过程中存在的质量隐患或者出现质量问题的原因。因此，通过强化施工作业时的工程质量信息的采录与管理，完善工程质量信息的收集和存储方式，可以大幅提高工程质量控制水平与质量管理工作的效率。选择能够准确反映工程质量特征的信息，利用 BIM 技术的分析和协同管理的优势，能够大幅提高我国建筑行业质量管理水平，增加建筑工程集成化与当前信息化的程度。

六、BIM 技术在建筑工程项目质量管理中的应用效果

G 项目具有高度的复杂性和专业性，涉及建筑、结构、给排水、暖通、电气、智能化等多个专业间的协调配合，并且还具有时间紧、质量管理难度大、质量要求高等特点。使用 BIM 技术对 G 项目进行质量管理后，项目质量管理工作得到极大改善，项目从设计→施工→试运营的整个实施过程的质量管理工作都比以往类似项目推进得更为顺利。但是 BIM 技术对 G 项目质量管理的优化提升程度有多大？是否还有进一步提升的空间？项目的成功实施能为类似项目提供哪些借鉴经验？这些疑问成为项目各参与方更为关注的焦点。

本书根据综合评判，判定 G 项目质量管理等级水平为良好。根据评价结果，结合 G 项目具体质量管理情况和实施难度等进一步的分析，可以得到 G 项目的质量管理提升程度，进而为改善 G 项目质量管理提供有益的参考。利用评价指标体系可以很容易找到对 G 项目质量敏感的因素，为提升 G 项目质量管理与决策提供理论支持与实践指导。而通过综合评价也可以找到 G 项目当前质量管理中存在的问题，从而不断提升 G 项目的质量管理水平。

第五章　BIM 技术在建筑给排水设计开发中的应用

随着建筑规模的逐渐庞大，建筑给排水管线数量相应增多、系统越发复杂，使建设过程难度增大，更容易出现设计缺陷和施工问题，传统建筑给排水的设计施工模式已经难以适应其发展过程。而信息技术水平的提升有利于改进生产力，将信息技术与传统产业相结合势必能够加快行业的发展，BIM 即为两者结合的产物。BIM 技术以其高度可视化、协调性、优化性及信息集成化等优点在建筑工程领域得到了长足的发展。本章以建筑给排水设计为研究对象，以 BIM 技术为应用工具，结合计算机开发技术，针对性地解决建筑给排水设计施工过程中容易出现的问题，为建筑给排水建设过程的精益化发展提供支撑。

第一节　BIM 技术在建筑给排水设计开发中的应用分析

社会发展以及居民生活水平的提高，使“以人为中心”的理念更加为人们所重视，人们对于居住环境的要求也不断提高，此时就更加体现建筑给排水工程的重要性，而这不单单局限于水的效用，水与人们的生产、生活密切相关，需要更全面地考虑到建筑给排水系统的安全性、稳定性以及布置合理性。

建筑给排水是建筑机电专业中系统最复杂、管线数量最多、功能最广泛的专业，整个建筑给排水专业的管线数量占到机电安装工程管线数量的 80%，其本身还包含众多子系统，如给水系统、排水系统、循环水系统、污水系统、喷淋系统等多达十几种，各个子系统在建筑的功能效用中都承担着不可替代的责任。传统建筑给排水设计施工模式具有局限性，可将 BIM 技术引入建筑给排水的深化设计及施工优化等过程中来提高建设质量与效率。

一、国内外相关研究现状

（一）BIM 技术在建筑给排水领域的研究现状

建筑给排水工程由于其管线数量庞大、错综复杂的特殊性，传统二维设计模式无法精确直观地展现管线空间布置，而通过将 BIM 技术应用到建筑给排水工程中，构建三维数字模型，完成管线信息的集成，可以实现更多功能的扩展，国内外对 BIM 技术在建筑给排水工程上的研究如下。

Xie Y 等①提出利用 LiDAR 扫描点云数据自动重建建筑物管道系统竣工 BIM 的解决方案。与现有工程相比，除了具有 XYZ 场的非结构化点云外，该模型不需要额外的数据，不需要数据预处理，也没有管道方向或尺寸的先验知识，能够最大限度地提高管道系统模型的一致性。

Singh J 等②提出了一种使用建筑信息模型自动执行管道安装顺序和进度优化的新方法，通过使用 BIM 技术从 3D 模型中自动提取有价值的信息，以协助基于时间的 4D 建模；开发基于管道系统组件类别的匹配规则，以自动执行 3D 模型与安装活动之间的配对和集成。

Han Z J 等③在精细化建模的基础上，结合现场施工经验与各专业管道的安装规范，将 Navisworks 运用于碰撞检测，实现设计人员和施工人员对项目初步设计图纸的优化，并将深化的模型用于指导现场施工，将理论研究与具体实践进行了有机结合。

Tsai L T 等④旨在通过增强现实技术（VR）与基于网格的路径规划算法来对现场管道检查和自动协调进行二次开发。该方法允许设计人员将新添加的管道布局计划与现有管道进行比较，并在遇到冲突时重新规划管道布局，从而获得无冲突的设计方案。

Hu Z Z 等⑤提出通过 BIM 技术搭建的施工管理系统，来进行适当规模的施工场景模拟，供参建各方沟通协调，提高建设效率；基于 BIM 的设施管理系统，共享建筑项目不同阶段传递的信息，来提高运维期间 MEP 管理的效率和稳定性。

Chen S⑥ 以城市地下复合管廊施工为例，在 BIM 技术和物联网的基础上，通过复合管廊监控系统，建立精确控制管理的数据平台，实现对象链接、信息共享和交换功能，解决项目全生命周期阶段数据链断裂、管理效率低下的问题，进而实现智慧城市地下管廊智能化运营。

尚呈琪⑦利用 BIM 技术实现了给排水设计的可视化、模拟施工安装、管线综合优化

---

① Xie Y, LiS Y, Liu T R, et al. As-built BIM reconstruction of piping systems using PipeNet [J]. Automation in Construction, 2023 (147): 19.

② Singh J, Cheng J C P, Anumba C J. BIM-based approach for automatic pipe systems installation coordination and schedule optimization [J]. Journal of Construction Engineering and Management, 2021, 147 (11): 14.

③ Han Z J, Chen P, Iop. Deepening of integrated pipeline-based BIM [C]. 2nd Global Conference on Ecological Environment and Civil Engineering (GCEECE), 2020.

④ Tsai L T, Chi H L, Wu T H, et al. AR-based automatic pipeline planning coordination for on-site mechanical, electrical and plumbing system conflict resolution [J]. Automation in Construction, 2022 (141): 18.

⑤ Hu Z Z, Zhang J P, Yu F Q, et al. Construction and facility management of large MEP projects using a multi-scale building information model [J]. Advances in Engineering Software, 2016 (100): 215-230.

⑥ Chen S. Urban underground composite pipe gallery construction based on BIM and IOT technology [J]. Chinese Journal of Underground Space and Engineering, 2018, 14 (6): 1445- 1451.

⑦ 尚呈琪. 建设项目给排水设计阶段 BIM 应用成熟度评价研究 [D]. 沈阳：沈阳建筑大学，2021.

等，解决了平面设计图无法预料到的问题，提高了工作效率，实现了精细化管理目标。

孙鑫和杨荣伟①在 BIM 技术中选择了碰撞检测领域，系统性地说明了其在建筑给排水等专业管线防碰撞中的应用价值，对 BIM 技术碰撞检测原理、分析过程进行研究，并通过项目实例说明了 BIM 技术碰撞检测的优越性。

袁欣②在管线综合的基础上引用 BIM 技术，并从工程造价、管线水力损失、施工难度大小、管线综合优化效果几个方面构建了基于模糊数学理论的管线综合方案评价模型，为管线方案的比选提供了理论依据。

兰彪③在搭建 BIM 技术协同管理平台的基础上，针对 BIM 技术自身的特点分别总结了建筑与结构、建筑与设备（以给排水专业为代表）的协同设计流程，总结了 BIM 的协同信息，并将该协同流程应用到方案规划阶段、初步设计阶段、深化设计阶段的模型建立过程。

刘琳琳④在地下市政管网的规划、建设及管理维护的全生命周期阶段中辅助运用了 BIM 技术，通过其所建立的 BIM 管理平台，消除了项目参建各方、各建设阶段的信息传递断层问题，是地下市政管网建设管理模式的新突破。

综上，BIM 技术在建筑给排水领域较多应用于管线建模、管线安装、碰撞检测、可视化、专业协同等方面，将给排水等专业的复杂管线布局以三维模型的形式精细化展现，解决建筑给排水等专业管线图纸信息表达抽象、碰撞冲突易发等问题，提高了建筑给排水初步设计的质量。

（二）BIM 技术的二次开发研究现状

通过二次开发可以对 BIM 技术进行扩展，实现一些复用性、普适性功能的快速完成，来满足实际项目中功能或效率等方面的需求。国内外基于 BIM 技术的二次开发研究现状如下。

Zhang Y X 等⑤为提高水力隧道施工的安全性和效率，创建了具有时间属性的几何隧道 BIM，通过二次开发将施工仿真获得的进度信息连接起来，并在集成框架中引入了结合施工进度的数值模拟方法，从而使其可以自动处理数值模型并结合进度信息进行分析计算。

---

① 孙鑫，杨荣伟．基于 BIM 技术的机电管线防碰撞分析［J］．现代隧道技术，2021，58（S2）：61-65.

② 袁欣．基于 BIM 的超高层建筑管线综合技术应用研究［D］．西安：西安科技大学，2020.

③ 兰彪．基于 BIM 技术的建筑与结构、给排水专业的协同设计流程研究［D］．武汉：华中科技大学，2017.

④ 刘琳琳．BIM 技术在地下市政管网工程全生命周期中的应用研究［D］．青岛：青岛理工大学，2016.

⑤ Zhang Y X，Zhang J X，Wang C S，et al. An integrated framework for improving the efficiency and safety of hydraulic tunnel construction［J］. Tunnelling and Underground Space Technology，2023（131）：13.

Wang D J 和 Hu Y Y① 分析了钢筋切削长度的计算方法，并使用 C#编程语言，结合 Revit 二次开发技术，完成了钢筋模型的自动生成和钢筋图纸的自动导出，为设计人员节省构建模型的时间。

Wang D J 和 Liu C A② 通过考虑车辆停放全过程中容易发生碰撞的位置坐标，将碰撞位置坐标与场地障碍坐标共同建立，形成停车过程中的车辆碰撞约束关系，并基于计算模型和 BIM 二次开发技术，开发了自动检测程序，从而有效、快速、准确地自动评估整个地下车库内每个停车位的停车舒适度。

Zhu B 等③提出一种桥梁参数化智能建模方法与相应的技术路线。其使用 EKL 语言提高构件模板的参数化能力并与 BIM 二次开发技术结合，实现构件批量实例化布置，借助 WPF 框架研发参数化设计系统，打通了构件模板创建、构件设计、构件实例化的全流程。

牛立军等④为弥补传统二维设计方法出图算量复杂、方案比选困难的缺陷，提升 Revit 对水利工程设计行业的适应性，通过使用 MVC 编程方式与 Revit API 编程接口，以相关设计规范为依据，对 Revit 进行二次开发，形成了一套水利工程 BIM 正向设计方法。

钟辉等⑤通过对 BIM 数据需求进行分析，利用 Revit API 外部功能扩展方式，研究 Revit 对象的访问、过滤、编辑与创建，形成了一套完整高效的 BIM 数据提取与应用技术方案，解决施工过程中信息共享效率低下的问题。

陈鑫尧和王亮⑥从 BIM 技术碰撞检测问题入手，通过借助 Revit API 函数，结合二次开发研究在 Revit 环境下插件的开发，通过 C#语言编写程序，调用 Revit API 函数，对模型构件进行分类，并开发硬碰撞以及间隙碰撞两种模式，主要解决管道等构件在安装施工以及后期维修安装中间隙不足这类软碰撞问题。

综上，Revit 二次开发的扩展性，为 BIM 技术多功能自动化、程序化实现带来了可能，如在数据信息获取、建筑构件批量化布置、碰撞检测等多方面实现自动化，提高了过程效率及质量。

---

① Wang D J, Hu Y Y. Research on the intelligent construction of the rebar project based on BIM [J]. Applied Sciences-Basel, 2022, 12 (11): 19.

② Wang D J, Liu C. A quantitative method for determining underground garage parking comfort and development of a BIM based analysis program [J]. Applied Sciences-Basel, 2022, 12 (11): 13.

③ Zhu B, Zhang Y, Zhao Y, et al. BIM-based intelligent parametric modeling technology in bridge engineering [J]. Bridge Construction, 2022, 52 (2): 18-23.

④ 牛立军，梁燕迪，王程．基于 Revit 二次开发的水利工程 BIM 正向设计研究 [J]．人民黄河，2022，44 (3): 155-159.

⑤ 钟辉，李驰，孙红，等．面向 BIM 模型二次开发数据提取与应用技术 [J]．沈阳建筑大学学报（自然科学版），2019，35 (3): 560-566.

⑥ 陈鑫尧，王亮．基于 Revit 的机电工程碰撞检测二次开发 [J]．建筑结构，2021，51 (S2): 1271-1276.

（三）文献评述

BIM 技术的二次开发技术在建筑结构、装配式建筑领域的研究应用较为深入，在该领域设计优化、碰撞仿真、信息调取、程序化功能扩展等方向的应用已然足够成熟，然而在建筑给排水等专业管线领域，较多是一些模型可视化、管线的自动化创建与布局、协同设计等基础研究应用，在给排水设计深化领域（如管线净高检测、管线避让优化等过程）的程序化应用以及施工深化领域（如 4D 施工模拟、标准化工序制定等过程）的发展应用却显得不足。

二、建筑给排水工程设计施工现状

建筑给排水系统由于其管道类型繁多、材料丰富、数量庞大、管线排布复杂等特点，本身具有较大的设计施工难度，传统设计施工模式的弊端也显露得越发明显。在二维设计模式中，CAD 图纸的管线布局可视化程度低下、专业信息交互不便、协同效率低下、管线综合优化深度不够、设计调整具有明显滞后性。在施工过程中，缺乏事前的施工模拟以及无可视化的技术交底等问题都会进一步增加施工难度；同时，面对施工过程中突发的问题或状况只能采用被动处理、事后追溯的方式，容易造成施工停滞、资源浪费等后果。

三、BIM 技术在建筑给排水中的应用优势

一是对象可视化。相较于传统建筑给排水设计模式中点、线、面的二维元素，BIM 技术的实施对象是建筑项目的三维实体，整个模型成果是建筑三维实体信息的集合。如建筑项目中的水泵、管道、机械设备等实体构件，建筑元素信息的传递更加直接高效。

二是形成完备的三维信息模型。BIM 技术通过软件处理将设计中的数据信息转化成三维模型信息，是对项目几何信息、工程信息、工程逻辑关系等信息的完整集成，相较于二维设计模式中必然存在的信息缺失，其传递信息的过程更加直观且不存在缺失问题，无论是后期计算机软件的分析过程，还是施工中对模型设计方案的理解过程，都不需要再次进行信息的收集与转换。

三是涵盖全生命周期的数据信息。BIM 技术所形成的数据集合不只涵盖某个阶段的数据信息，在整个建筑给排水项目建设的生命周期内各个阶段所生成的信息都可以在统一的标准下被收集，以供各参建方提取，从而进行修改、更新、优化、协同，最终达成整个建设过程数据信息的一致性。

四、基于 BIM 的建筑给排水设计优化

（一）基于 BIM 的管线碰撞检查

基于 BIM 的碰撞检测是 BIM 技术在建筑给排水设计优化过程的基础应用，在三维模

型的基础上，通过设置特定的碰撞规则利用计算机软件进行筛选，针对性地识别建筑给排水管线与管线之间、管线与构件之间是否存在不满足设计规范的情况，通过碰撞冲突报告中的显示命令定位碰撞点并进行修改。其相较于传统碰撞检测存在的优势见表 5-1。

表 5-1　碰撞检测效果对比分析

模式	传统检测模式	基于 BIM 的碰撞检测
方式	专业间需要反复协调沟通、修改	可在模型中对所有专业的设计进行协调、修改
成果	碰撞结果碎片化，需要汇总收集	直接生成碰撞报告，碰撞信息完整
对比	工作量大、效率低下、协调困难	效率高、不会遗漏、容易协调

碰撞检测在工程领域一般可分为间隙碰撞与硬碰撞两大类，如图 5-1 所示。间隙碰撞是指两个物体在空间上的距离是否满足设计规范或者检修距离的要求；硬碰撞是指两个物体在空间上存在物理意义的实际冲突，是工程设计中比较常见的碰撞类型。由于建筑给排水专业管线数量庞大、空间布局错综复杂，比较容易出现硬碰撞问题，比如管道与管道、管道与桥架、管道与风管等专业之间出现构件实体冲突。

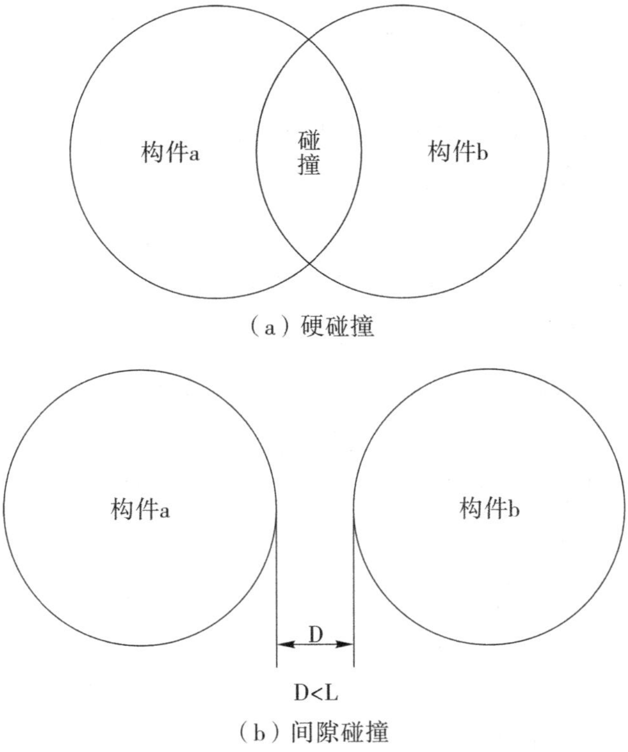

图 5-1　碰撞类型

碰撞检测工作可分为两大类，即单专业内的碰撞和多专业间的碰撞，这两类碰撞的检查方式存在一定区别。单专业的碰撞检查容易实现，Revit 自带功能即可完成。多专业间的碰撞由于数据庞大、模型复杂，为了提升检测效率，一般运用 Navisworks 进行碰撞检测。Navisworks 主要面向设计人员和施工管理人员，能够处理更加庞大的数据模型，具有自定义规则、多格式整合、碰撞报告完整等众多优点，其检测的主要流程如图 5-2 所示。

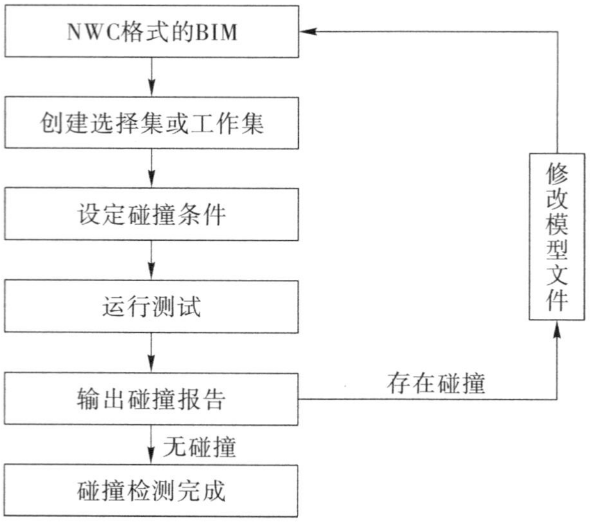

图 5-2　基于 Navisworks 的碰撞检测流程

（二）基于 BIM 的管线综合优化

建筑给排水等专业的管线综合优化主要包括管线避让优化与管线深化设计这两部分。管线避让优化的任务是对于管线碰撞检测中出现的冲突点，按照施工规范和管线避让原则进行修改和调整；管线深化设计是结合空间舒适度和施工检修标准两个条件来对管线的空间布局进行优化的一个过程，其任务是合理布置以及协调建筑给排水等专业管线、压缩管线空间布局，提高建筑空间利用效率，避免出现设计问题而影响施工过程。

传统的管线综合优化是以二维设计图纸为基础，由设计人员凭借设计与专业经验在平面图中对管线进行排布与调整，并以传统平、立、剖面形式加以表达，最终形成优化结果。由于建筑给排水等专业管线的设计复杂性，仅通过设计师之间的人工交流，效率低下，无法合理统筹安排各专业管线的空间布局，难以全面地处理设计过程中的错、漏、碰、缺等问题，设计方案中不可避免地会存在缺陷①。

基于 BIM 技术的管线综合优化是一个“碰撞优化—深化设计—同步模型”的循环过程。在碰撞检测的基础上，冲突点会在 BIM 中直观展现，在模型中进行设计优化，调整后的结果也会在模型中直接展现，且整个模型会自动同步进行修改，不需要再次出图，解决了二维管线综合优化的信息表达抽象及工作量繁多问题，经过上述优化过程在理论上可以

① 邢振华，胡明媚，周斌科，等．BIM 技术在大型商业综合体中机电深化设计的应用研究［J］．施工技术，2017，46（S2）：1225-1229.

修改达到零碰撞的目标①。

管线综合优化主要应遵循管线避让原则、设计规范和空间布置原则。

1. 管线避让原则

在优化过程中，应该在对原有设计充分掌握的基础上，参照各专业的设计规范、施工标准以及施工中应当遵循的一些基本原则进行优化。通过对《建筑给排水设计标准》（GB 50015—2019）的查询和一些工程实例的研究，得出管线避让优化的基本原则，见表 5-2。

表 5-2　管线避让原则

管道类型	原理
有压管道避让无压管道	无压流管道或重力流管道需要改变坡度和流向，翻弯对流动影响较大
小管径避让大管径	小尺寸管道造价低廉，容易安装；大尺寸管道占据空间大，在平面图中应先做布置
金属管道避让非金属管道	金属管容易弯曲、切割和连接，而非金属管多不易弯曲
常温管道避让非常温管道	从工艺和节约的角度考虑，高温要考虑排气，低温要考虑防结露保温
支线管道避让干线管道	分支管的影响范围和重要性不如主干管，且一般主干管的管道尺寸更大
配件少的管道避让配件多的管道	配件多的管道一般施工更加困难

2. 设计规范和空间布置原则

建筑给排水等专业管线的布置除了遵循管线避让原则，在空间上还需要遵循一些设计规范和空间布置原则。

（1）设计规范。设计方案满足国家标准规范，设计深度达到项目施工需求，是对工程质量、安全的保证。

（2）净高限制。建筑楼层必须符合一定的净高要求，才能满足建筑的使用功能。所以给排水等专业管线在布置时需要多利用梁与梁之间的空间，在管线碰撞时也多采用向上翻弯的方案来充分使用梁内空间而非下翻；管线排布时一般紧贴梁底布置，科学地设计和规划多种管线的高度，合理压缩给排水等专业管线，保持占用空间高度在 100~500 毫米，提升净高。

（3）空间布局。在管道集中的位置合理安装管道支吊架，提高空间利用率。当管线的竖向安装空间比较小时，可让电缆桥架与风管在梁下 50 毫米的位置水平并排放置；当管道在同一平面上无法布置时，则需要分层布置，一般是空间上电缆桥架位于顶层，风管在中间，水管在最下层；优先布置大口径管道和不易弯曲的管道以适应多管线布局；在净高

---

① 涂敏，刘光胜，杨红兵，等．建筑给水排水 BIM 正向设计的应用及思考：以长沙黄花国际机场 T3 航站楼为例［J］．给水排水，2022，58（12）：122-130.

较低的区域，优先考虑大尺寸管线层的布局，剩余管线采用向上弯曲或水平调整的方式进行布置，以最大化利用空间，确保下方有足够的净空高度。

（4）施工工艺流程。在建筑给排水等专业管线的施工过程中，安装工艺是有先后顺序的，如重力管道由于需要具有一定坡度来让水流流动，应该先行安装，后面的管道应对其进行避让；风管等较大尺寸的管道施工顺序也较靠前，因为其重量大、造价高、偏移困难且不易翻弯。如果安装顺序不对，将导致后续的管道安装出现问题。

（5）检修空间。为了保证建筑给排水等专业管线施工维修的顺利进行，在管道平行敷设时需要保证管道之间、管道与天花板之间留有足够的间距以供检修。

第二节　建筑给排水族文件与模型的参数化创建

参数化建模是 BIM 设计模式有别于 CAD 绘图的核心理念，二维设计模式中建筑给排水构件只在相应视图下表现几何线条和文字注释，某个视图上对于建筑给排水构件的修改无法传递到其他视图。而在建筑给排水 BIM 中，管线信息挂载在各图元上，图元或族之间可以建立相应的关系，对任意视图的任何位置进行修改，模型整体都会实时协调变化。本节将通过 Revit 2018 软件进行建筑给排水族文件与模型的参数化创建过程研究。

一、建筑给排水设计流程分析

（一）传统建筑给排水设计流程分析

在二维设计模式中，各专业设计独立性高，设计流程单一化，先后顺序明显。首先进行建筑专业主体的设计，其次进行结构专业的设计。给排水等管线专业在建筑和结构专业的基础上进行初步设计，随后与建筑结构专业对比并根据碰撞结果进行深化设计，主要过程如图 5-3 所示。此设计模式下，工作内容主要体现在本专业的图纸上，为保证各专业设

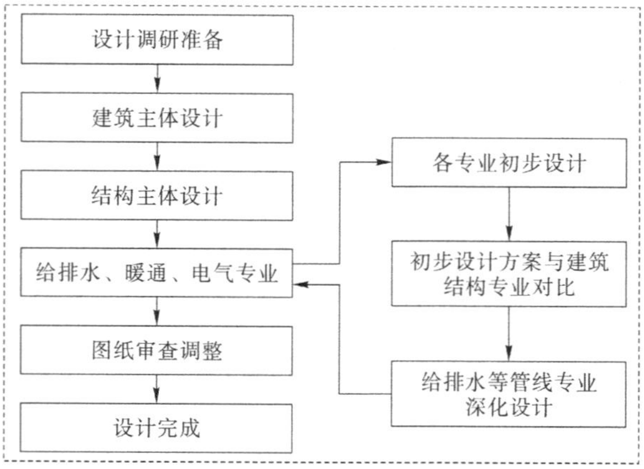

图 5-3　传统建筑给排水项目设计模式

计之间的协调性，专业之间仅通过反馈图纸信息的方式完成信息沟通。该模式效率低下、信息共享程度不足。

（二）基于 BIM 的建筑给排水设计流程分析

当前基于 BIM 技术的设计模式主要分为两种：第一种是直接进行模型的建立来设计建筑项目，施工图纸由 BIM 根据实际工程需要出图，属于 BIM 正向设计理念；第二种是以 CAD 图纸为基础，导入设计信息进行各专业三维模型的建立，进行模型碰撞检查，并在模型的基础上完成设计变更、设计深化等一系列设计优化过程，如图 5-4 所示。

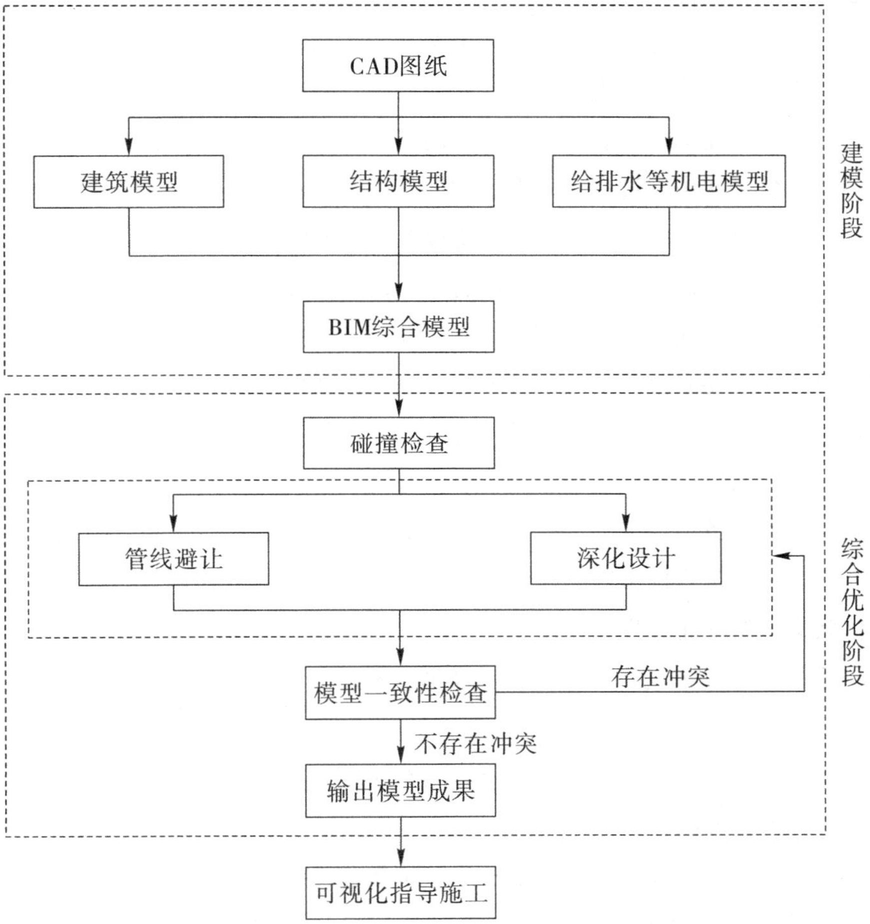

图 5-4　基于 BIM 的建筑给排水设计模式

目前 BIM 技术在国内的应用程度还处于初级阶段，正向设计的工作量以及工作难度较大，应用还不成熟，BIM 设计方式大多为第二种。此种设计模式下形成的 BIM 整合了各专业信息，实现了项目内建筑给排水与其他专业的无障碍交流，解决了项目参建各方信息沟通效率低下的问题。同时，基于 BIM 的一致性检查、碰撞点优化、深化设计也解决了传统设计模式中图纸审查时间长、深化设计效率低下的问题。

二、建筑给排水族文件的参数化创建

族文件是 BIM 设计的关键，也是 Revit 参数化建模过程的基础元素，相当于模型建立的原材料，其根据参数集的相似特征对图元进行集合分类。族参数一般包括尺寸、文字、编号、材质等信息，设计人员在建模过程中通过改变族参数来满足不同工程项目对构件属性的需求。

Revit 中设定的族主要为系统族、构件族与内建族 3 种。系统族是预定义族，如管道，其不能单独保存为族文件，只有在系统项目中才能进行修改。构件族也称可载入族，其设置比较灵活，可以自行设定满足不同构件类型的参数属性，如消火栓、阀门等，创建好的构件族可保存为单独的族文件直接载入不同项目中，得以重复使用。内建族适用于创建当前项目专有的独特图元构件，属于项目中的内建模型，无法载入其他项目。

族的创建是数字化仿真过程，无论是构件族还是内建族，都是基于构件信息在族编辑器中完成其样式、尺寸、材质等参数的设定以及形状的编辑。在建筑设计中，构件族是使用最多的族，构件族通过不断积累将形成自己的设计资源库，同时也能提升模型的质量及精度。因此，族在参数化建模的过程中十分关键，在 Revit 自带的系统族文件不能满足项目实际需求时，就需要修改族文件或者创建合适的族文件。

由于建筑给排水工程项目复杂、机械设备众多，其所需族文件种类会更多，结构也更复杂，具有代表性的给排水族文件包括管道、弯头、三通、阀门、法兰、水泵、水箱、消火栓、地漏、卫浴设备等。本节主要进行建筑给排水系统中重要而常见的阀门、地漏、消火栓的建立来探究建筑给排水族的创建过程。

参数化族文件的创建过程如下。

（1）熟悉所需建立的构件尺寸参数以及形状材质。

（2）预设族样板，设置族类型。

（3）预设参照线、参照平面，将尺寸与参数关联。参照平面主要用于实体的定位，参照线主要用于调整角度的自由变化，通过参数关联来控制族的平面运动轨迹。

（4）在各创建视图中结合融合、旋转、拉伸等命令创建族轮廓。

（5）为创建的族添加详细参数，设定族的显示特性、详细度等属性。

（6）保存为新定义的族并载入项目测试。

（一）阀门族的创建

阀门是建筑给排水系统中十分重要的设备，具有掌握水流流向、水压和水量的功能。本要点主要就闸阀族的制作进行研究。

1. 参数化创建流程

在新建族文件的过程中选择“公制常规模型 . rft”族样本，设置族类别为“管道附件”。添加管道半径、管道外径、管道长度、法兰半径、法兰厚度、阀杆半径、阀杆高度以及材质等参数；绘制参照平面，进行尺寸标注并设置相应标识；在立面视图中通过拉伸命令创建法兰盘内外环；之后在楼层平面参照标高中通过镜像复制出另外一个法兰盘，并通过拉伸命令创建管道，完成阀身的创建，后面在各个视图中选择拉伸等合适的命令创建阀杆、阀柄等构件，并将几何形体与相应的参照对齐锁定，各视图创建形状如图 5-5 所示。

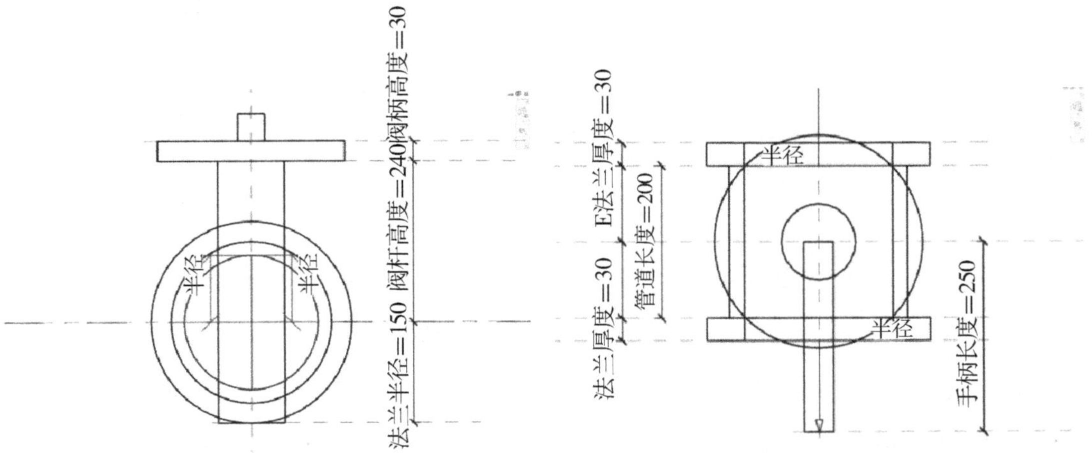

（a）前视图　　　　（b）参照标高视图

图 5-5　蝶阀族各视图创建过程

为了让此族具有自适应性，添加参数属性时需要跟实例参数关联，从而能够根据外接管道的管径来调整阀门尺寸大小；同时，将阀门的其他参数也通过公式与阀门管道公称半径相关联，当参数变化时，会驱动族进行相关形态的变化，即为族的参数化创建，最后完成整个蝶阀的创建，如图 5-6 所示。

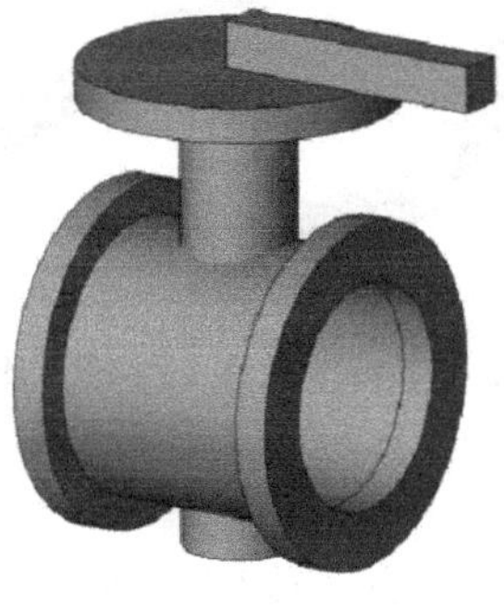

图 5-6　蝶阀三维视图

2. 管道连接

族的几何形体创建完成之后需要建立管道连接件，才能在放置阀门时准确捕捉到管道并随着管道位置变化而改变，完成阀门与管道在物理和功能上的连接，从而发挥其实际作用。在族创建的 Revit 面板中，点击蝶阀两端设置管道连接件，零件类型选择阀门—插入选项，圆形连接件大小选择使用半径，因为尺寸标注使用的是管道公称半径，系统分类选择全局让该族可以在多个管道系统中导入，如图 5-7 所示。

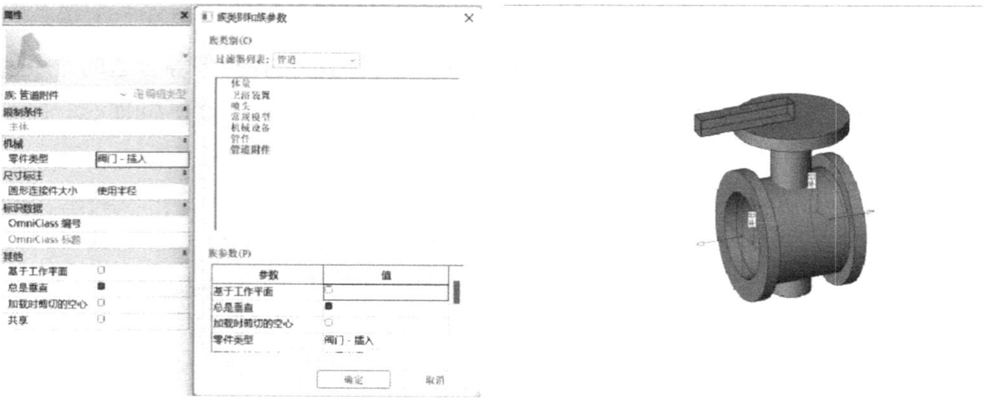

（a）参数设置　　　　（b）管道连接件生成

图 5-7　管道连接件设置

3. 自适应蝶阀族测试

完成上述步骤之后即可在管道中载入蝶阀进行测试。为了体现所创建族的自适应性，设计创建了 3 条不同管径的管道，如图 5-8 所示。随着管道管径的变化，蝶阀也相应地改变了大小，说明蝶阀与管道完成了实际连接，真正意义上实现了参数化驱动族文件，仅根据外部连接管道的一个参数变化，实现对应族文件的模型尺寸自动修改。

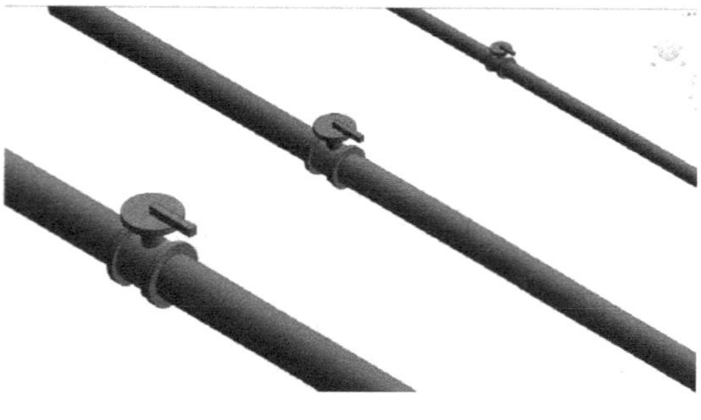

图 5-8　自适应族文件接入测试

（二）地漏族的创建

地漏是建筑给排水系统中连接排水管道跟室内地面的重要接口，是控制卫浴间异味的重要构件，能够直接影响室内空气的质量。

地漏族的创建与阀门族类似。选择“公制常规模型 . rft”族样板，设置族类别为“管道附件”。添加地漏箅子和主体材质、箅子半径、箅子高度、防水翼环半径、防水翼环高度、外接存水弯管道公称半径等参数；绘制参照平面，进行尺寸标注并设置模型文字以作标识；在楼层平面参照标高上选择拉伸命令创建箅子，箅子是地漏中用以支撑隔物、过滤的带有网眼的器具，之后同样在该平面上拉伸创建防水翼环、地漏主体等结构。将几何形体与相应的参照对齐锁定，从而完成整个地漏的创建，各视图创建形体如图 5-9 所示。

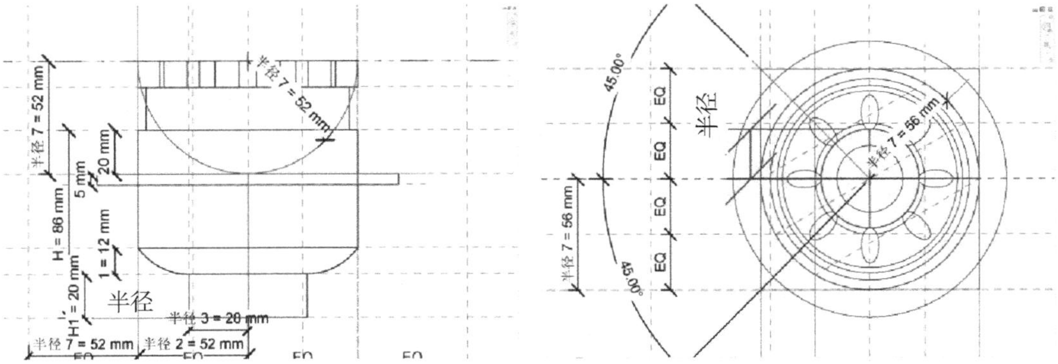

（a）地漏族正视图创建过程　　　（b）地漏族俯视图创建过程

图 5-9　地漏族各视图创建过程

地漏族结构更加复杂，需要进行多个族参数的设置，用于驱动族相关形态的变化，同时对与地漏相连的外接存水弯也需要设置管道连接件。该族三维视图如图 5-10 所示。

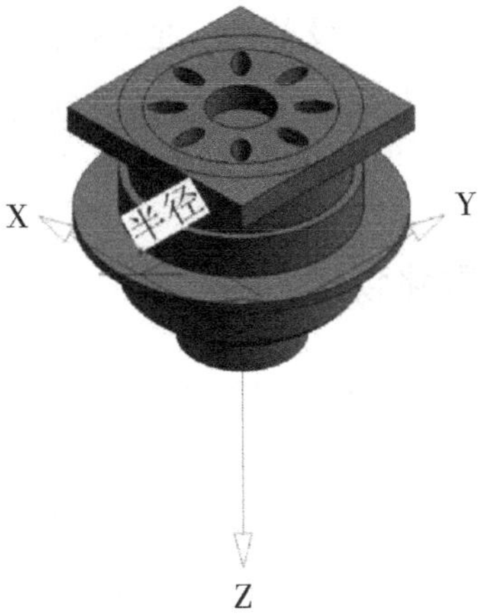

图 5-10　地漏族三维视图

（三）消火栓族的创建

消火栓族是建筑给排水系统中重要的消防设备，其具有控制可燃物、隔离助燃物的作用，通常包括消防箱、消防水带、水枪、接扣等构件。由于建筑面积的不同，每栋建筑对消火栓的要求也不完全相同，所以设计师需要构建满足要求的消火栓族。

同样选择“公制常规模型 . rft”族样板，设置族类别为“机械设备”。添加消防箱材质、消防箱长宽高、消防箱体积、进水管半径、水枪的尺寸等参数；绘制参照平面，进行尺寸标注并设置模型文字作标识；在前立面视图创建进水管并使用对齐命令锁定，使水管位置与水箱箱壁位置绑定，然后在各个视图中选择拉伸等合适的命令创建水带、水枪、软管卷盘等构件。如图 5-11 所示。

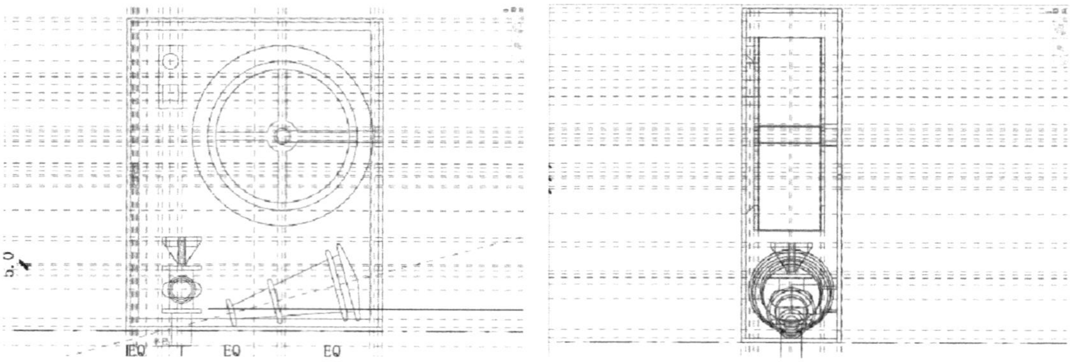

（a）前视图　　　　（b）左视图

图 5-11　消火栓族各视图创建过程

将其他几何形体与相应的参照对齐锁定，从而完成整个消火栓的创建，同时对消火栓进水口也需要设置管道连接件。

（四）建筑给排水族库文件

建筑给排水专业子系统众多，设备构件数量庞大，如给水附件、升压储水设备、消防给水设备、卫浴器具、排水附件、清通设备等，通过拉伸、放样、旋转等步骤都可以完成相关构件的创建，随后进行参数控制来驱动各构件的材质、尺寸、形态等信息，丰富构件族的适应性。

三、建筑给排水系统参数化创建过程

族文件创建完成后，即可加载到 Revit 中进行建筑给排水模型文件的参数化创建。建筑给排水专业本身系统类型众多、模型复杂，通过将系统族、构件族等各类族文件按照设计排列，同时根据项目设计实际情况对基础模型构件的各类参数进行调整，从而实现建筑给排水系统的参数化建模，完成管线信息在三维模型中的集成。

（一）构建项目样板

项目样板是建立 BIM 的开端，其对项目单位、线性图案、文字及尺寸标注等基础参数信息进行初始设定与存储，可被理解为建模的标准化模板，能直接影响模型建立的效率和质量。由于各专业的设计规范要求不同，项目样板应该分别创建，选择最恰当反映当前专业规程的样板。建筑给排水系统模型的建立需要新建一个机械样板，如图 5-12 所示。

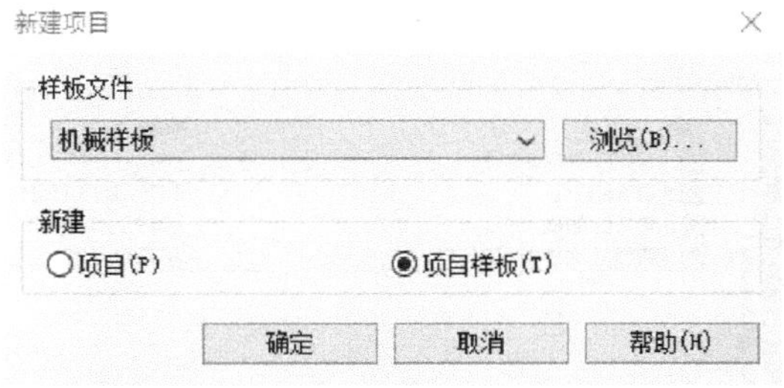

图 5-12 新建机械项目样板

Revit 自带的部分样板文件一般无法满足 BIM 设计的要求，需要在模型建立前对样板文件进行自定义修改。如图 5-13 所示，为实际项目样板系统设置，使其可以满足复杂建筑物给排水专业的设计需求。

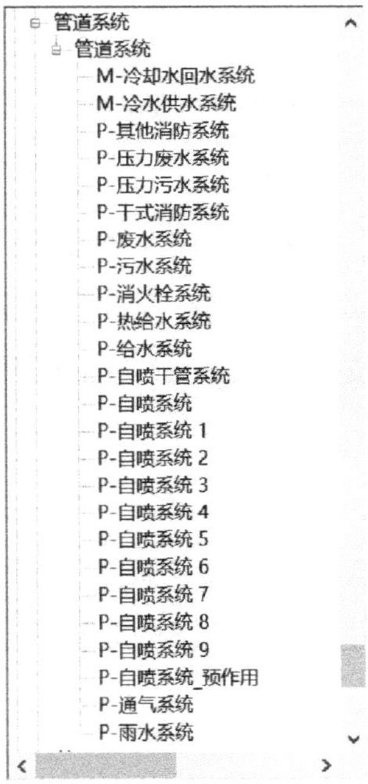

图 5-13 某实际项目样本系统设置

由于建筑给排水专业子系统繁多，为了在模型中更好区分不同子系统的管道，提高模型的立体直观度，要在“过滤器”功能中对各类型管道进行不同颜色定义。

（二）模型链接

建筑给排水专业的模型是建立在建筑结构专业模型上的，因此建模前需要链接建筑结构模型。通过在 Revit 功能栏中选择“插入”到“链接模型”，选择已创建完成的 Revit 建筑模型，建立建筑模型和给排水模型之间的联系，如图 5-14 所示，并通过“自动—原点到原点”选项指定方位，防止在给排水模型的建立过程中与建筑模型产生错位。

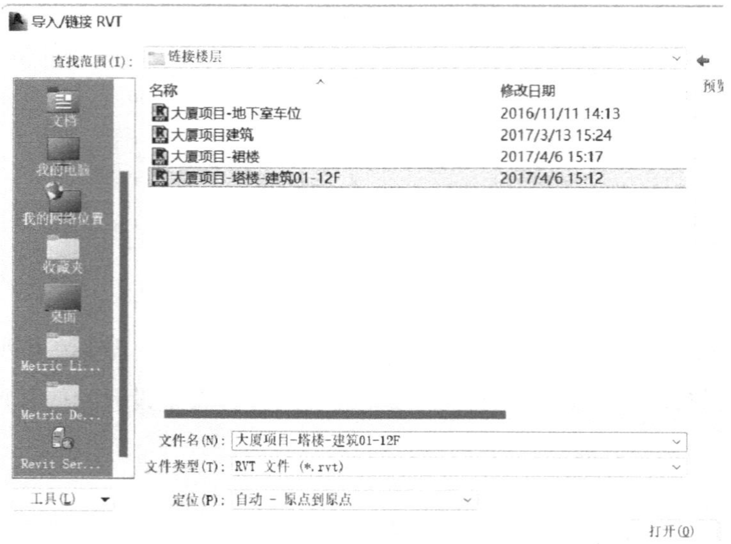

图 5-14 链接模型文件

（三）模型构建

创建建筑给排水专业模型前，要先建立标高和轴网，后在属性框中对建筑给排水管线的名称、材质、连接类型等构件属性信息进行设置。准备工作完成后，即可与上文中所创建的族文件共同作为模型建立的支撑，由设计人员依据项目设计信息和 BIM 建模规则进行模型的创建。

1. 获取标高

使用“复制”功能将建筑模型中的标高复制到当前项目样板中进行给排水专业设计，能够保证标高的一致性，其是以“层”为主体的所有图元的重要参照，标高将与轴网共同构成 BIM 的三维定位体系。

2. 轴网绘制

打开 Auto CAD 2016 软件，安装天正插件 V7.0，使建筑给排水图纸显示全部设计细节，并对图纸进行清理操作，删除无关图元，以便后续导入 Revit 中运行流畅。处理完毕后，在 Revit 模型一层标高平面中导入，参照图纸进行轴网的绘制，轴网的建模坐标应当采用原点坐标（0，0，0）作为特征点，即轴线 A 轴与 1 轴的交点。在整个模型使用周期内建模坐标应保持一致，如图 5-15 所示。

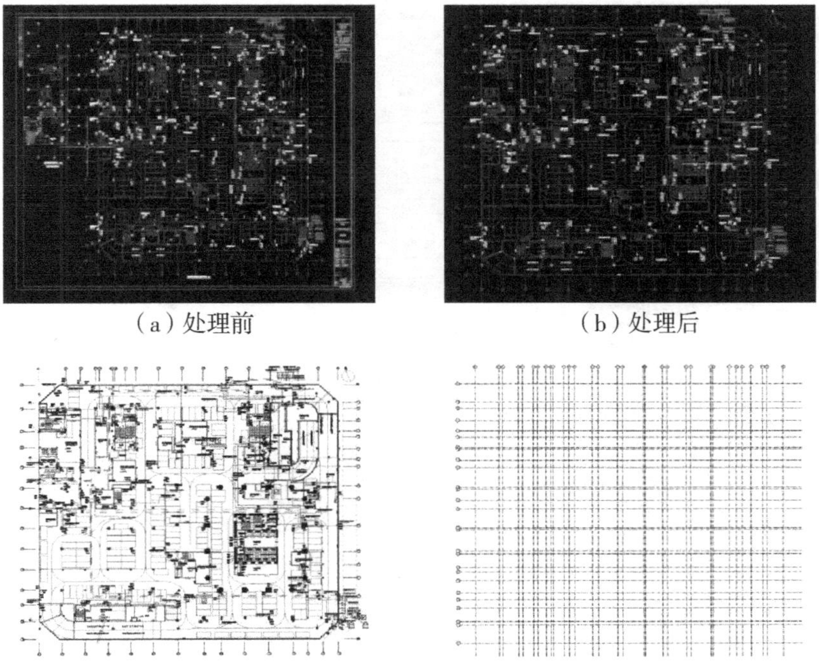

（a）处理前　（b）处理后

（c）导入Revit　（d）轴网绘制完成

图 5-15　图纸处理与导入

3. 管道属性设置与绘制

建筑给排水模型中包含各种类的管道、管道附件、卫浴装置、消防设备等系统附件，管道的数量庞大，在此主要详述给排水管线的创建过程，设备通过管线连接即可完成建立。

绘制管道步骤如下。

（1）在系统列表中选择管道，如图 5-16 所示。

图 5-16　给排水模型创建常用功能

（2）在属性列表中选择管道类型及管道系统，并编辑管道参数信息，包括材质、直径、偏移高度等信息，如图 5-17 所示。

图 5-17　管道类型系统设置

（3）管段和尺寸设置可以在属性栏编辑类型中按照项目需要进行修改，如图 5-18 所示。

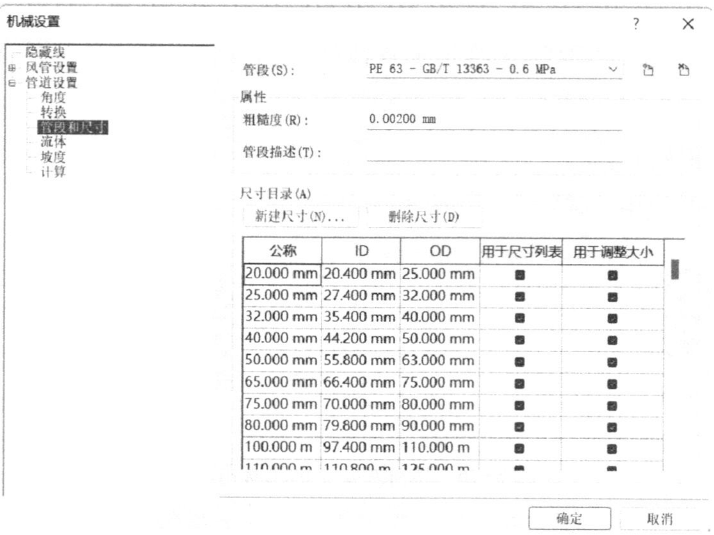

图 5-18　管道尺寸设置

（4）在偏移栏中输入偏移量，此偏移量是以本层标高为起点，管道中心线基于该起点的高度。根据设计要求输入该值，在平面中绘制横管；在管段的两端输入两个不同的偏移量，即可生成立管；在横管与立管中会自动生成弯头，弯头的属性信息可随项目需求进行修改。

（5）建筑给排水中存在两种管道系统类型，分别为压力管道和重力管道，对于如废水、雨水等需要具有一定坡度的重力管道，绘制方法有所不同，需要设定坡度值，如图 5-19 所示。重力管道一般先行布置，压力管道后布置并对重力管道进行避让，主要根据平面图纸设计情况，进行各楼层及各专业的管道绘制。

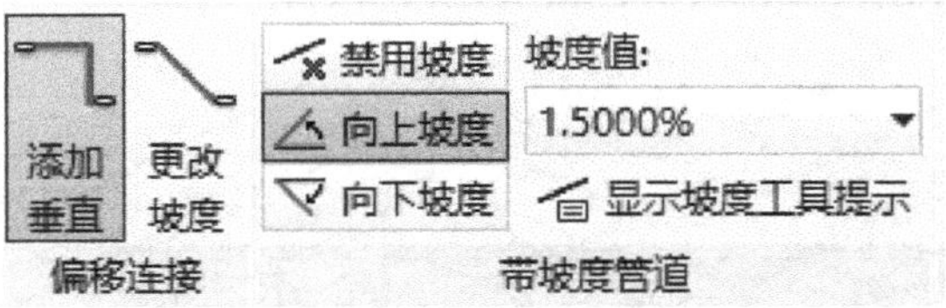

图 5-19　管道坡度设置

（6）绘制管道时，遵循先大尺寸管道，后小尺寸管道；先主管，后立管；先干管，后支管，由下到上的原则绘制给排水管道模型。图 5-20 所示为某项目裙楼一层建筑给排水模型。

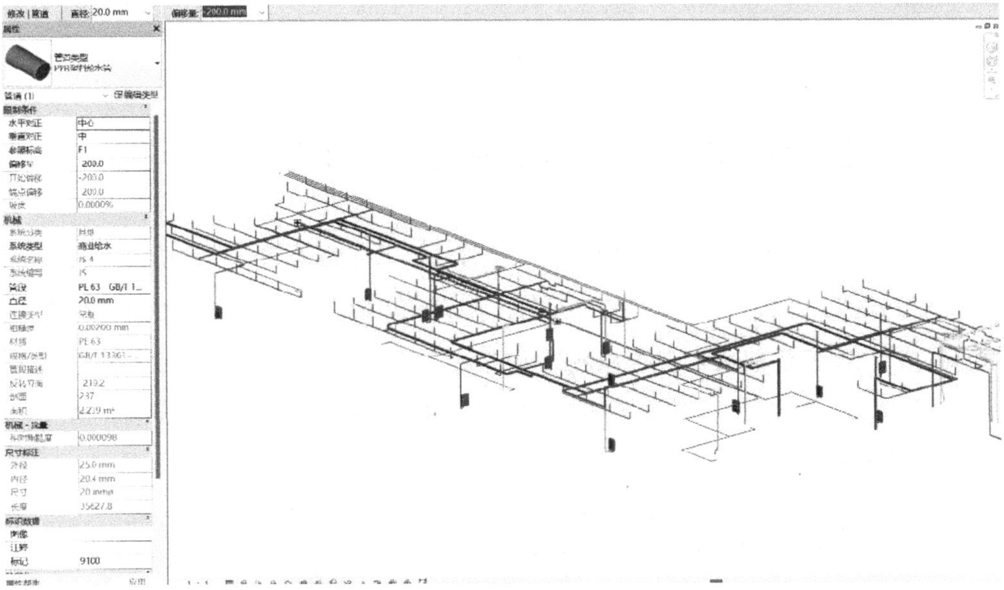

图 5-20　裙楼一层建筑给排水模型

四、模型成果

各楼层建筑给排水专业模型的建立由下到上，模型成果如图 5-21 所示，其为某建筑主体裙楼给排水、暖通、电气专业管线 BIM，形成三维立体展示效果，实现给水、排水、废水、消火栓、喷淋、循环水系统的精确表达，同时将建筑给排水管线与其他专业管线之间的空间位置关系清楚呈现。通过图中项目浏览器栏可定位该建筑给排水模型的不同楼层、不同方位视图；通过图中属性栏，可以查询该建筑给排水模型所有构件包括材质、尺寸、系统类型在内的各种属性信息，且相应参数的修改也会引起模型中对应构件的形态变化，这就是模型的参数化表达。

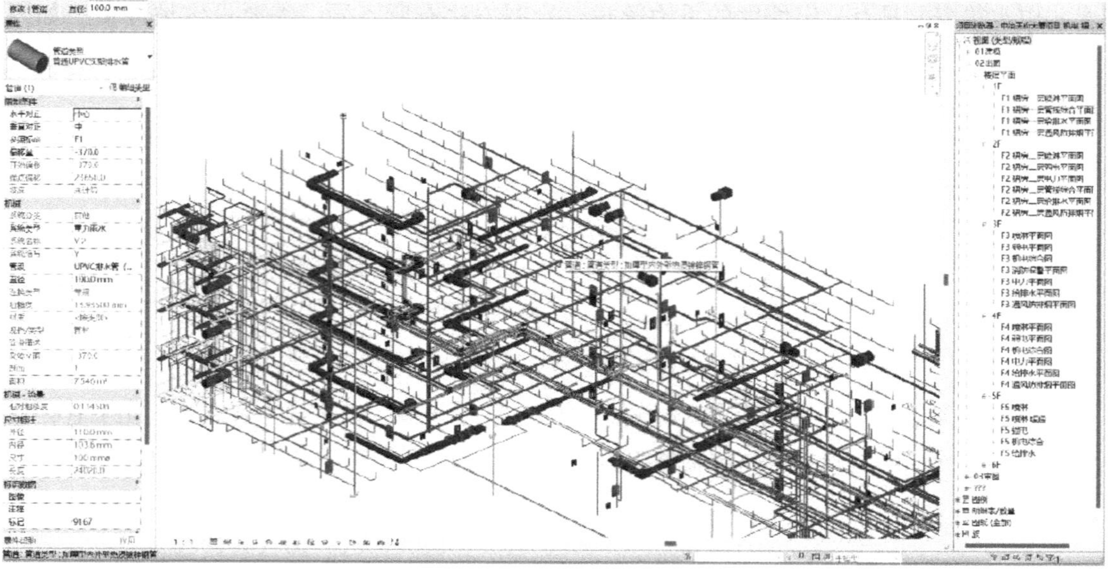

图 5-21　建筑给排水 BIM

第三节　BIM 技术在建筑给排水中的二次开发

建筑给排水专业 BIM 技术的应用不局限于管线自动化建模和可视化阶段，为实现建筑给排水专业深化设计效率与质量水平的提高，本节将结合二次开发技术对建筑给排水深化设计进行深层次研究。前文已讲述 BIM 技术解决建筑给排水设计中碰撞检测和管线优化问题的基本理论，本节将按照特定规则开发出实现碰撞管线自动调整的管线避让插件来提高人工优化管线的效率。

一、建筑给排水系统二次开发的基本逻辑

（一）建筑给排水管道的程序化创建

在进行二次开发程序编写前，首先需要理解管线程序开发的基本逻辑。给排水管道主要用于连接管件、管路附件、卫浴装置，其从类型上可分为一般给排水管道、软水管、水管占位符，Revit 提供了相应的 API 函数用于创建各种类型的管道。

1. 创建一般给排水管道

调用 Revit 的 API 函数 Pipe. Create 即可创建一般给排水管道，相关函数如下。

Pipe. Create（Document document，ElementId systemTypeId，ElementId pipeTypeId，ElementId levelId，XYZ firstPoint，XYZ secondPoint）的参数含义见表 5-3。

表 5-3 函数 Pipe. Create 的参数含义

参数	含义
Document document	文档
ElementId systemTypeId	给排水管道系统族 ID
ElementId pipeTypeId	给排水管道类型 ID
ElementId levelId	管道所在标高的 ID
XYZ firstPoint	起点
XYZ secondPoint	终点

2. 创建软水管

软水管的创建需要给定多个点而非仅包括起点与终点，通常调用 Revit 的 API 函数 FlexPipe. Create 进行创建，它有如下两个重载函数：

FlexPipe. Create（Document document，ElementId systemTypeId，ElementId PipeTypeId，ElementId levelId，XYZ startTangent，XYZ endTangent，IList<XYZ>Points）；

FlexPipe. Create（Document document，ElementId systemTypeId，ElementId PipeTypeId，ElementId levelId，IList<XYZ>Points）。

这两个函数的区别是当指定起点和终点的角度时需要使用 startTangent 和 endTangent 指定方向。

3. 创建水管占位符

当需要创建水管占位符时可使用 Pipe. CreatePlaceholder 函数，其主要用于辅助建筑给排水的管道设计，具体不在此赘述。

（二）建筑给排水管件的程序化创建

MEPModel 是管件（MechanicalFitting）或者设备（MechanicalEquipemnet）的父类，要获取管件或者设备的模型，首先需要过滤出 FamilyInstance，然后使用 FamilyInstance. MEPModel 属性获得 MEPModel，最后再将其转换为相应的子类，类图如图 5-22 所示。

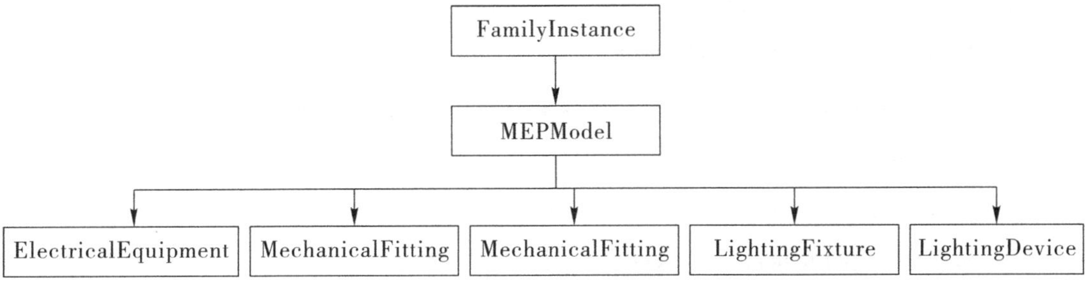

图 5-22 MEPModel 类图

管件主要是用来连通给排水管道的，建筑给排水管件通常可以分为弯头形、T 字形及十字形 3 种，分别用于连接 2 根、3 根和 4 根管道。Revit API 有两种方式可以创建给排水管道，一种是使用 Document. Create 下面相应的函数，另一种是使用 MechanicalUtils 和 PlumbingUtils 类的连接相关函数。而创建管件则主要使用 5 种方法，分别对应创建弯头（Elbow）、三通（Tee）、过渡件（Transition）、管接头（Union）和四通（Cross），返回值是 FamilyInstance，参数都是用来创建管件对应的连接件的，例如，创建弯头需要 2 个连接件，创建三通需要 3 个连接件。

（三）建筑给排水管线元素信息的遍历

元素（Element）在 Revit 中尤为重要，在模型中能看到的大部分对象都是元素，水管、风管、电气管线都是继承自 MEPCurve，而 MEPCurve 则继承自元素，类图如图 5-23 所示。

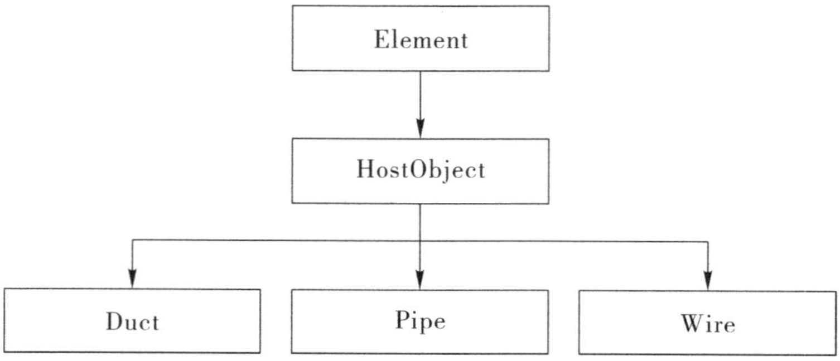

图 5-23　MEPCruve 类图

获取建筑给排水管道元素的信息是进行一些功能开发的基础，因为通过 ID 获取元素的方式效率低下，所以主要使用过滤器来获取元素，下面介绍获取步骤。

先进行收集器的创建（Collector）：

var collectors = new Filtered Element Collector（document）；

然后进行过滤器的创建：

var filters = new ElementClassFilter（typeof（Pipe））；

之后对收集器的 WherePasses 函数进行调用并过滤元素：

collectors. wherePasses（filter）；

对 WherePasses 函数进行连续调用：

collectors. wherePasses（filters）. wherePasses（new ElementsCategoryFilter（BuiltInCategory. OST_ PipeCurves））；

对收集器进行遍历，获取给排水管道元素：

foreach（var pipeElement in collectors）。

先收集所需要的元素，之后对元素构件参数信息提取并利用，可通过 Element. Parameters 获取全部参数，之后再寻找所需要的信息。接下来，通过提取建筑给排水管道元素的两组代表性参数信息进行说明管道元素“顶部偏移”信息筛选提取过程：

```
var parms = element.Parameters;
foreach（var parm in parameters）
{
  if（parm.Definition.Name = =“顶部偏移”&& parm.StorageType = =
  StorageType.Double）
  {
      var h = parm.AsDouble（）;
  }
}
```

管线元素的“类型 Id”信息筛选提取过程：

```
var parms= element.Parameters;
foreach（var parm in parameters）
{
 if（parm.Definition.Name = =“类型 Id”&& parm.StorageType = =

   StorageType.sString）
      {
        var categoryId = parm.AsValueString（）;
      }
  }
```

如上文所示，可通过函数提取建筑给排水管道名称、管道类别、管道半径、尺寸等参数信息，从而为建筑给排水设计二次开发相关功能扩展提供支撑。

二、管线自动避让插件的开发与实现

通过 BIM 技术能有效检测建筑给排水管线之间的碰撞，此方式相较于传统二维碰撞检测效率提升巨大；在碰撞后的管线优化阶段，基于 BIM 的优化方式相较于传统管线综合优化方式，最大的价值体现在可视化以及高效的信息传递方面。三维模型中的管线优化，是单目标优化过程，涉及重新确定碰撞管道的翻弯高度、偏移距离，随后进行管道手动打断、翻弯、添加管道连接件、删除原有管道等多个步骤，才能实现一处碰撞的合理避让。为了减少管线优化过程所需要的时间，能快速地对碰撞管线进行调整以提升建筑给排水管线综合优化效率，这里将基于 Microsoft Visual Studio 2019、Autodesk Revit 2018、Revit API 等二次开发条件，使用 C#语言开发管线自动避让插件。

（一）自动避让方法原理分析

对于检测出的碰撞管道，需要根据项目规范并结合程序编写逻辑来进行管线避让程序的开发。需要遵循管线避让原则选择需要调整的管道，并确定管道调整后的位置，即对翻弯的偏移高度、偏移角度进行设定。这些参数设定后需要结合避让管道的管道半径、偏移高度、维修间距以及项目需求等条件确定翻弯控制点，如图 5-24 所示。

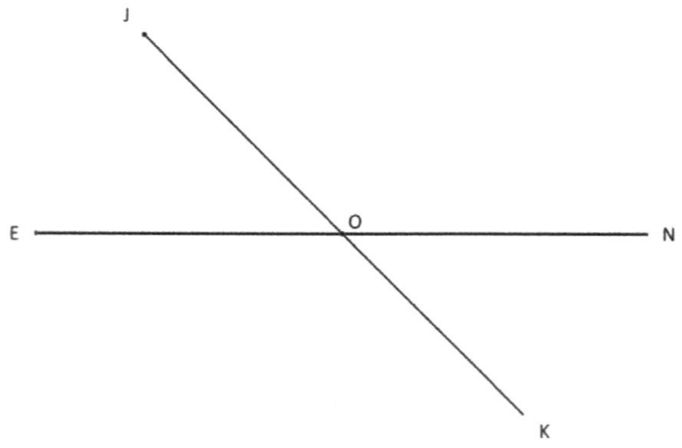

（a）

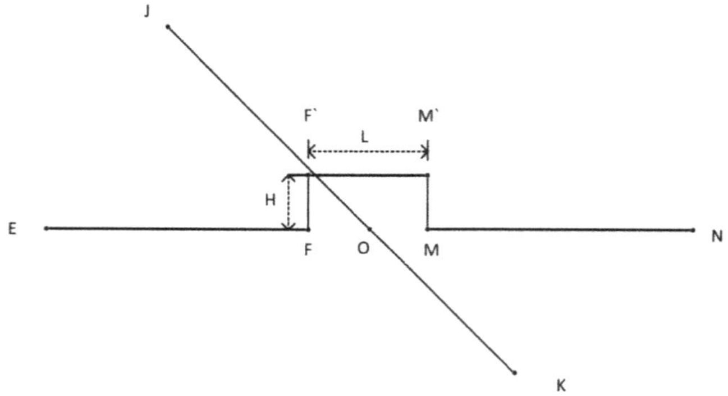

（b）

图 5-24　管线避让控制点

为得出管线的翻弯控制点坐标将进行方法分析。

（1）选择碰撞检测后所确定的待调整管线，获取需要调整管线的端点坐标 E、N、J、K。

（2）水平平面中已知管线两端点坐标的情况下，可通过斜截式方程或者点斜式方程求得两条管线的中心线方程，通过两条相交管线的直线方程可求出其交点 O 坐标（Ox，Oy，Oz）。

（3）管线避让时根据项目要求及设计规范预留一定的检修空间，在此，设检修距离为 l_0，则调整的偏移高度与管道长度存在特定关系。其中 L 表示待调整管道偏移后的水平长度，H 表示待调整管道的偏移高度，D_1 与 D_2 则表示两条碰撞管道的直径，上述数值存在如下关系：

$$\begin{cases} L = D_1 + 2l_0 \\ H = (D_1 + D_2)/2 + l_0 \end{cases} \tag{5-1}$$

（4）调取两条碰撞管道的管道半径、材质、系统类型等信息，根据管线避让原则，尽量选择小尺寸、有压、金属材质、附件少等优先级较低的管道作为避让管道。假设 EN 为待调整管道，JK 作为静止管道。

（5）设 E 点坐标为（E_x，E_y，E_z），N 点坐标为（N_x，N_y，N_z），避让后两条立管到静止管道的距离满足 $|FO|=|MO|=L/2$，两条立管长度满足 $|FF'|=|MM'|=H$，其中 FF′垂直于 EF，MM′垂直于 MN，通过公式可求得坐标 F、M。

$$\begin{cases} F_x = O_x + L \times (E_x - N_x) / [2 \times \sqrt{(E_x - N_x)^2 + (E_y - N_y)^2 + (E_z - N_z)^2}] \\ F_y = O_y + L \times (E_y - N_y) / [2 \times \sqrt{(E_x - N_x)^2 + (E_y - N_y)^2 + (E_z - N_z)^2}] \\ F_z = O_z + L \times (E_z - N_z) / [2 \times \sqrt{(E_x - N_x)^2 + (E_y - N_y)^2 + (E_z - N_z)^2}] \end{cases} \tag{5-2}$$

$$\begin{cases} M_x = O_x - L \times (E_x - N_x) / [2 \times \sqrt{(E_x - N_x)^2 + (E_y - N_y)^2 + (E_z - N_z)^2}] \\ M_y = O_y - L \times (E_y - N_y) / [2 \times \sqrt{(E_x - N_x)^2 + (E_y - N_y)^2 + (E_z - N_z)^2}] \\ M_z = O_z - L \times (E_z - N_z) / [2 \times \sqrt{(E_x - N_x)^2 + (E_y - N_y)^2 + (E_z - N_z)^2}] \end{cases} \tag{5-3}$$

（6）将管线 EN 的直线方程与平面 YOZ 的夹角设为α，与平面 XOY 的夹角设为β，通过公式，即可以得到 F′点坐标，基于相同原理可到 M′点坐标。

$$\begin{cases} F_x' = F_x + H \times \sin\beta \times \sin\alpha \\ F_y' = F_y + H \times \sin\beta \times \cos\alpha \\ F_z' = F_z + H \times \cos\alpha \end{cases} \tag{5-4}$$

（7）获得了 E、F、F′、M′、M、N 坐标后，即可按顺序连接管线，在新的路径下按照原有管线的尺寸、材质、管线系统类型等参数信息依次生成横管、立管、管道连接件，并删除原有的管道，从而实现两管道之间的避让，如图 5-25 所示。

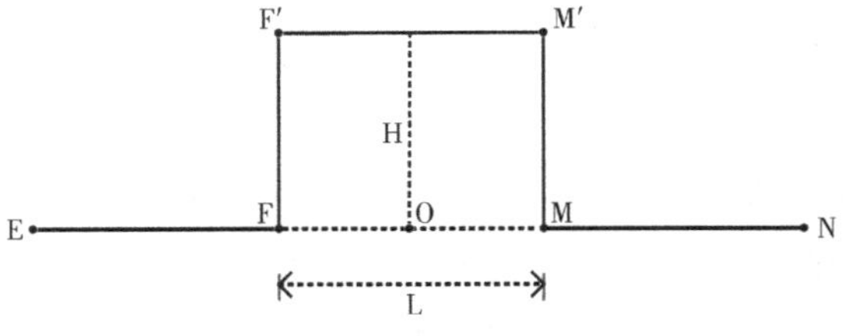

图 5-25　管线生成路径

Revit 建模时会自动在拐弯处生成与管线相连的弯头等连接构件，二次开发中要实现在拐点处生成与管线相匹配的管道连接件是程序编写的一个难点，管道及管道连接件的编写基本逻辑已在上节说明，下面进行管线避让及管件生成的程序编写。

（二）主体程序编写

程序的主要逻辑类命名为 CreatPipe，并创建名为 PipeAdjust 的 Winform 程序架构。下面对程序中的部分重要设计代码进行详解。

在内部逻辑开发之前先添加 IExternalEventHandler 对 CreatPipe 进行外部命令的引用，并实现接口。

（1）获取当前文档，调用 Selection 类，使用类中的 PickObject 方法体拾取碰撞管道上面的两个点。

```
{
    UIDocument _uiDoc = app.ActiveUIDocument;
    Document _doc = _uiDoc.Document;
    Selection sel = _uiDoc.Selection;
Reference reference1 = sel.PickObject(ObjectType.PointOnElement, new PipeFilter(), "拾取管道上的第 1 个点");
    XYZ firstPos = reference1.GlobalPoint;
    Reference reference2 = sel.PickObject(ObjectType.PointOnElement, new PipeFilter(), "拾取管道上的第 2 个点");
    XYZ secondPos = reference2.GlobalPoint
```

（2）设置管道偏移高度，如果翻弯方向朝上，则向上偏移，反之则向下偏移。

```
double offset = 0;
    if (isUp)
    {
        offset = pipeOffset;
    }
    else
    {
        offset = -pipeOffset;
    }
```

（3）通过 GetElement 方法获取管线族元素，由于获取的元素类型是 Element，需要弱类型转换成 Pipe，根据拾取的点获取管道族类型，使用 Pipe 类的 Location 属性，再根据管道族类型生成其空间定位线，同样进行弱类型转换，并根据方法 GetEndPoint 得到定位线的起点和终点；通过自定义方法体 GenerateLines 生成翻弯后管道的空间定位线，创建事务工作生成管道的族实例模型，并删除重复的管道。

```
Pipe pipeEle = _doc.GetElement(reference2) as Pipe;
    var locCurve = (LocationCurve) pipeEle.Location;
    var SP = pipeEle.Curve.GetEndPoint(0);
    var EP= pipeEle.Curve.GetEndPoint(1);
```

```
List<Line> lines = GenerateLines(SP, EP, firstPos, secondPos, offset);
List<Pipe> newPipes = new List<Pipe>();
using (Transaction tr = new Transaction(_doc, "创建管道"))
{
  tr.Start();
  foreach (Line line in lines)
  {
    ElementId newElemId = ElementTransformUtils.CopyElement(_doc,
  pipeEle.Id, XYZ.Zero).FirstOrDefault();
    Pipe newPipe = _doc.GetElement(newElemId) as Pipe;
    (newPipe.Location as LocationCurve).Curve = line;
    newPipes.Add(newPipe);


}
_doc.Delete(pipeEle.Id);
tr.Commit()
```

步骤（3）中的方法体 GenerateLines：

方法体参数由 XYZ 类型和 double 类型构成，分别为管线起点、终点、选择的第一个点位、选择的第二个点位、偏移距离。首先根据起点和终点确定管线 ProLine，根据自定义方法体 GetNearConnector 返回距离管线起点最近的一点，使用 Project 方法体生成所选择点位的两个投影点 pos1 和 pos2，将投影点 pos1 连接 startPoints 生成直线段，pos2 连接 endPoint 生成直线段，将 pos1 和 pos2 分别偏移一定距离变成 offsetPos1 和 offsetPos2，并连接 pos1 和 offsetPos1，连接 pos2 和 offsetPos2，所有线段连接表达为一个线段集合。

```
private List<Line> GenerateLines(XYZ startPoint, XYZ endPoint, XYZ firstPos,
XYZ secondPos, double offset)
    {
      List<Line> lines = new List<Line>();
      Line projLine = Line.CreateBound(startPoint, endPoint);
      XYZ near = GetNearXYZ(startPoint, firstPos, secondPos);
      XYZ pos1 = projLine.Project(near).XYZPoint;
      lines.Add(Line.CreateBound(pos1, startPoint));

      near = GetNearXYZ(endPoint, firstPos, secondPos);
      XYZ pos2 = projLine.Project(near).XYZPoint;
      lines.Add(Line.CreateBound(pos2, endPoint));
```

```
XYZ offsetPos1 = pos1 + new XYZ(0, 0, offset);
lines.Add(Line.CreateBound(pos1, offsetPos1));
XYZ offsetPos2 = pos2 + new XYZ(0, 0, offset);
lines.Add(Line.CreateBound(pos2, offsetPos2));
lines.Add(Line.CreateBound(offsetPos1, offsetPos2))
```

步骤（3）中的方法体 GetNearXYZ，返回距离固定点最近的一点。

```
public XYZ GetNearXYZ(XYZ current, XYZ first, XYZ second)

    {
      if (first.DistanceTo(current) > second.DistanceTo(current))
      {
        return second;
      }
      else
      {
        return first;
      }
    }
```

（4）创建弯头。将所有的连接器都装到 List 中，并实例化为 cons，对所有连接器进行遍历，返回 ConnectorManager 类和 ConnectorSet 类的实例化对象，ConnectorSet 类属于 IEnumerable 对象，所以对 ConnectorSet 实例化对象重新遍历，并添加到 cons 中。使用 for 语句，初始值为连接器的数量-1，循环条件为连接器数量必须大于 0，循环变量递减。根据方法体 GetNearConnector 获取当前管道连接器，最终创建事务工作，生成弯头构件实例。

```
List<Connector> cons = new List<Connector>();
      foreach (Pipe newPipe in newPipes)
      {
        ConnectorSet                    connectorSet                    =
        newPipe.ConnectorManager.Connectors;//newPipe.ConnectorManager
        .Connectors
        foreach (var conn in connectorSet)
        {
          cons.Add(conn as Connector);
        }
      }
      for (int i = cons.Count - 1; i > 0; i--)
      {
        var conn = cons[i];
```

```
        Connector connectTo = GetNearConnector(conn, cons);
        if (connectTo != null)
        {
            using (Transaction tr = new Transaction(_doc, "创建弯头 elbow"))
            {
                tr.Start();
                _doc.Create.NewElbowFitting(conn, connectTo);
                tr.Commit();
            }
        }
    }
```

步骤（4）中的方法体 GetNearConnector：该方法体参数是由当前连接器和原有管道连接器的两个集合参数构成，遍历原有管道连接器，使用 if 语句，判断条件 1 “当前连接器和原有管道连接器的方向是否相同”、判断条件 2 “当前连接器的 ID 和原有管道的连接器 ID 不同” 满足以上判断条件，返回当前连接器。

```
    public Connector GetNearConnector(Connector currentCon, List<Connector>
connectors)
        {
            foreach (var con in connectors)
            {
                If          (con.Origin.IsAlmostEqualTo(currentCon.Origin)          &&
            con.Owner.Id != currentCon.Owner.Id)
                    return con;
            }
            return null;
        }
```

第四节　BIM 技术在建筑给排水设计开发中的应用实例

一、项目概述

（一）建筑规模

本章节项目模型选择某商业综合体，该建筑总面积 117843. 70 平方米，标准层面积 1900 平方米。总楼层包括地下 3 层，主要为设备层；地上 25 层，包括裙楼与塔楼。本项目规划设计的物业类型为：办公、商业。其中，办公建筑面积 64505. 86 平方米，商业建筑面积 12748. 57 平方米，消防控制室建筑面积 72. 15 平方米，地下室建筑面积 34309. 26 平方米，地下机动车库建筑面积 30053. 72 平方米，地下非机动车库建筑面积 1094. 80 平方米，蓄水池建筑面积 327. 40 平方米，设备用房建筑面积 2447. 28 平方米。

（二）项目难点

一是该工程项目建筑规模庞大，与建筑使用效能密切相关的机电安装工程同样体量较大、系统复杂，需要布置设备层给排水系统、地下车库防火分区消火栓系统、喷淋系统、通风管道、电缆桥架等，管线错综复杂，导致可视化程度低。

二是设计施工中的图纸数量繁多、数据信息量庞大，传统二维设计模式的局限性导致各专业之间信息沟通效率低下，难以实现给排水专业与其他专业之间的协同设计；二维图纸信息表达的局限性导致设计与施工过程信息传递不通畅，两者之间可能存在误差，增加了机电安装工程难度。

三是专业繁多、管线空间布局复杂、安装程序烦琐、交叉作业较多、工序搭接关系协调难度大，受制于传统施工进度管理模式，进度控制过程粗犷，多为施工问题出现后解决问题的事后控制，极易导致工期延误。本项目施工管理过程需要精益化来做好进度控制。

基于以上要点，本建筑工程项目引入 BIM 技术。

由于篇幅限制及模型体量巨大，本节主要对该项目建筑给排水系统较为复杂的地下室设备层进行 BIM 技术的应用研究。

二、建筑给排水管线综合优化过程

（一）碰撞检测

在完成建筑给排水等专业模型拟合后，导出为 NWC 格式的文件，利用 Navisworks 软件对不同专业间的模型进行碰撞检查。碰撞类型包括硬碰撞和软碰撞两种，由于硬碰撞在建筑设计中十分重要，且较为常见，本节主要进行硬碰撞的分析。

1. 单专业碰撞检测

本节选用该建筑项目地下室作为检测对象，选择给排水系统进行专业内的碰撞，并设置碰撞类型、碰撞公差等数据，最后得到碰撞结果，其中地下一层给排水系统专业内碰撞点共计 20 处。

2. 多专业之间的碰撞检测

多专业间的碰撞检测相较于单专业碰撞更为复杂，这也是碰撞检测功能的价值体现之处，可以清晰展现出不同专业间的冲突点，解决前面设计过程中专业间信息沟通不通畅的问题，同时也是后续模型优化的基础，对整个项目的深化设计至关重要。选择给排水系统与电气系统进行硬碰撞检测，检测结果显示地下一层给排水系统与电气系统之间碰撞冲突点共计 33 处。

3. 地下室碰撞检测结果统计（见表 5-4）

表 5-4　本项目地下室建筑给排水等专业管线碰撞结果

冲突专业	冲突点数量	检测时间（秒）
地下一层给排水内部	20	5
地下一层给排水与暖通	25	6
地下一层给排水与电气	33	7
地下二层给排水内部	18	5
地下二层给排水与暖通	23	6
地下二层给排水与电气	22	6
地下三层给排水内部	26	6
地下三层给排水与暖通	34	7
地下三层给排水与电气	29	7

为了验证 BIM 技术碰撞检测的实际价值，比较了人工审查 CAD 图纸寻找碰撞点的过程，共计检测到地下一层建筑给排水内部有效碰撞 18 处、给排水与暖通专业有效碰撞 21 处、给排水与电气专业碰撞 30 处，共计耗时 3.5 小时；地下二层建筑给排水内部有效碰撞 16 处、给排水与暖通专业有效碰撞 22 处、建筑给排水与电气专业碰撞 22 处，共计 3 小时；地下三层建筑给排水内部有效碰撞 24 处、给排水与暖通专业碰撞 30 处、给排水与电气专业碰撞 27 处，共计耗时 3.5 小时。对比显示，通过 BIM 技术进行碰撞检测节约了大量时间，效率提高显著，检测准确度更高，不存在漏检之处，避免了设计缺陷导致施工问题的出现，碰撞结果清晰地展示了管线碰撞交叉距离、碰撞位置、碰撞项目系统类型等信息。

（二）管线避让优化

碰撞结果显示，专业系统内的碰撞一般少于不同专业系统间的碰撞。根据碰撞结果，选择两处具有代表性的冲突点详述优化过程。

一处是建筑给排水与电气专业碰撞。图 5-26 所示为一处给水管道与电缆桥架的碰撞，该生活水管从两段高度不一致的电缆桥架中间穿过，不可避免存在一定的碰撞问题。由于给水管道为有压管道系统，而桥架不易翻弯，所以可通过将该生活冷水管局部向上翻弯对该处多段电缆桥架整体进行避让。

（a）　　　　　　　　　　（b）

图 5-26　给水管优化前后对比示意

另一处是建筑给排水与暖通专业碰撞。图 5-27 所示为一处喷淋管道与送风系统管道的局部碰撞，由于风管体积大，转弯、上翻下翻困难，而喷淋管道为有压管且尺寸较小，所以优先变更喷淋管道，通过局部翻弯解决碰撞。

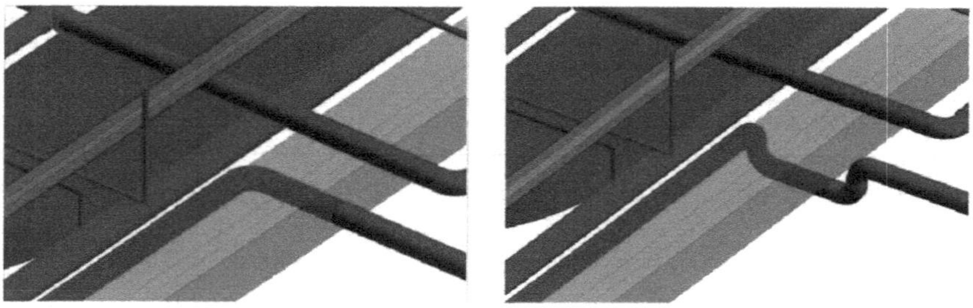

（a）　　　　　　　　　　（b）

图 5-27　喷淋管优化前后对比示意

通过 BIM 技术，整个避让调整过程中碰撞位置、碰撞项目系统类型等信息清晰可见，通过碰撞检测报告中的碰撞点追踪，快速定位冲突管道，再根据管线碰撞原则及项目需求，快速实现管线避让优化，从而能够实现设计方案零冲突。

（三）管线空间深化设计

建筑给排水系统中机房设备众多且与多种管线相连，包括给排水机房、消防泵房等，管廊内管道种类繁多，如冷凝水管道、消防喷淋干管等，管线排布密集，走向各异，容易发生管道纠缠在一起的状况。这样的管线设备集中处，容易出现净高控制困难，是管线综合优化的重点关注对象。本节重点对该项目地下室中管廊密集处进行管线深化设计。

地下一层某处管廊管线排布剖面图如图 5-28 所示，出现喷淋管道横穿风管，建筑给排水专业各子系统管道排布无规律、位置凌乱的情况，按照这种方式施工会影响施工质量及进度。为解决碰撞，合理排布管线布局，使现场施工更具有可行性，需要进行管道优化布置。一般情况下，风管、电缆桥架都置于梁下空间的最上层，喷淋管道为有压管道系统，且管道尺寸相比于风管更小，需主动避让。

喷淋管道的避让方式一般有三种：

（1）将喷淋主管的净空高度设置得较低，以避免支管与其他管道发生碰撞；

（2）在喷淋主管接机械上三通抬高支管净高，避免碰撞；

（3）喷淋管道翻弯越过主要管道。

本项目在此选择第三种翻弯方式，此方式可以充分利用梁内空间，抬高建筑管线净空，同时将电缆桥架与给排水系统管道分两层放置，并保持管道之间一定的间隔，以符合施工维修要求。风管由于尺寸过大，选择单层放置，与电缆桥架并排，从而做到合理压缩净空。管线排布优化后效果如图 5-29 所示。

图 5-28　地下一层管线排布优化前局部剖面

图 5-29　地下一层管线排布优化后局部剖面

如图 5-30 所示，喷淋管道为躲避风管降低高度后却与多处给排水系统管道碰撞，以及生活冷水管道与多处风管相碰撞，此时需要综合多方因素考量管线优化的方向。喷淋管道和生活冷水管道作为有压小尺寸管道，且基于尽量抬高建筑净空高度的需求，应该采用向上翻弯而非下翻的方式去优化管线，分别将喷淋管道向上调整 1165 毫米，将生活冷水管道向上调整 360 毫米，图 5-31 所示为优化后的管线布局。

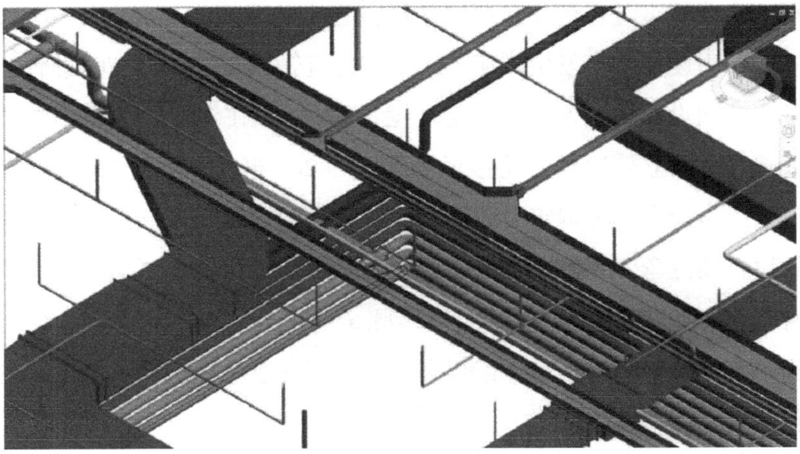

图 5-30　优化前管廊管线排布

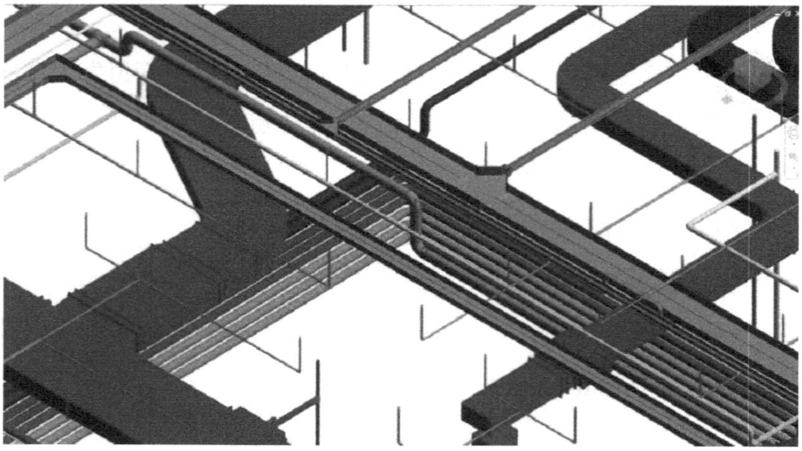

图 5-31 优化后管廊管线排布

由于二维管线图纸仅展现管线在平面上的排布方式，对于管线的高度通常采用另行标注的方式，无法展现管线空间排布的层次，也不能清晰地反映各系统管线之间或者管线与设备之间的空间关系和存在的冲突问题，因此通过 BIM 技术对管线排布进行局部剖切，形成管综节点深化图，清晰展现各专业管线之间的空间关系，包括定位与标高，从而可以让设计人员从多角度对管线排布进行优化。

该项目地下室工程通过基于 BIM 的碰撞检测和管综优化过程，有效提高了信息传递效率，减少了建筑给排水等专业管线施工过程发生变更的情况，设计冲突引发的变更及返工由同类工程的 4%~5%降低至 0.6%。

三、BIM 二次开发在建筑给排水设计——管线自动避让中的应用

（一）插件使用过程

通过附加模块将本章第三节编写的管线自动避让程序导入 Revit 形成插件，对碰撞检测过程中出现的管线冲突进行优化，选取碰撞报告中的碰撞点，如图 5-32 所示，为两处喷淋管道与一处重力废水管道发生碰撞。由于重力流管道的特殊性，喷淋管道将对其实施避让，并将翻弯方向设置为向上，翻弯角度设置为 90°。在管线避让原则的基准上，需要设置合适的偏移高度及立管边距，偏移高度设置为 200 毫米，立管边距设置为 165 毫米。后在喷淋管道上点击两点作为判定点，运行插件，自动按照程序原理生成翻弯控制点，实现两处喷淋管道自动翻弯，在新路径上按照原有系统类型自动生成横管、立管、管道连接件，删除原有管道，如图 5-33 所示。上述步骤全部由程序自动化实现。此过程减少 BIM 管线优化过程中手动打断管道、选择偏移高度、绘制管道、连接管道所需要的时间，极大地提升了优化效率。

图 5-32 优化前示意

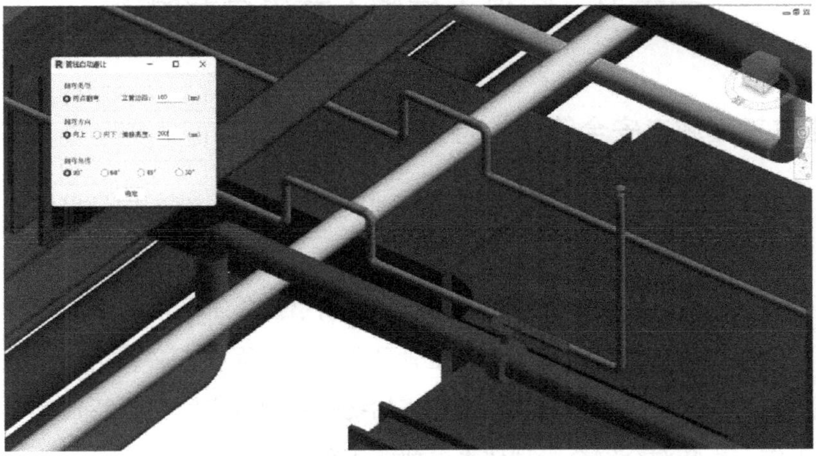

图 5-33 优化后示意

（二）插件运行结果

地下室中共检测出64处给排水专业内部发生的碰撞，使用插件对碰撞点进行调整避让需要25分钟，避让结果无错误；为了验证插件使用的效率，使用插件的同时，对管线冲突点进行人工手动翻弯，调整完64处碰撞点需要2.5小时，出现4处调整失误。两者相比，插件优化效率提升显著，准确率更高；相较于二维设计模式中人工进行碰撞管线优化的效率与精确度则提升得更多。以上结果表明，本管线自动避让插件具有良好的推广及实用价值。

第六章 BIM 技术在建筑工程施工安全管理中的应用

建筑工程施工具有高流动性、高露天作业、低机械化程度、施工技术复杂的特点，传统的安全管理模式无法有效预防重大安全事故的发生。如何实现高效、科学的安全管理是亟待解决的问题。BIM 技术的兴起为建筑工程安全管理提供了新思路。

第一节 建筑工程施工安全管理概述

一、建筑工程施工安全管理的特点

建筑工程安全管理作为对建筑工程全过程的安全保障，具有工作量繁多、工作种类复杂、系统性规划要求较高、综合性管理难度较大等特点，但是由于建筑工程安全管理一直是国家要求的重点内容，加之能够对项目本身的经济、质量都产生影响，因此一直是建筑企业开展工作的重点。在落实建筑工程安全管理职能的过程中，必须始终做好安全意识培养、安全措施落实、安全风险预防相关工作，始终贴合项目实际情况特别是项目进度与架构开展各项工作，不断健全安全管理体系。建筑工程施工安全管理的特点具体如下。

（一）问题复杂性

建筑工程涉及各种原材料、各类技术工艺以及各种风险，各类问题会不断出现，需要提前预防和及时解决。实际上，这种风险来源于不同建筑工程的不同需求，比如商业建筑和居民建筑在施工中的安全风险和问题不尽相同，任何性质与结构的改变都会对建筑工程安全管理提出新的要求和挑战，这又进一步增加了问题复杂性的程度。

（二）工序复杂性

建筑施工项目作为一项周期性较长、技术应用较多的事业，往往需要通过多名人员、多类技术和多种设备的共同合作才能完成，这就导致整个项目在工序上具有较多的复杂性。不仅人员处于不断变动状态，而且各类原材料与应用设备以及与之配套的环境都处于时刻变化的过程中，任何一个环节的疏忽都可能导致风险因素。这也对整个项目的管理者提出了更高的要求，不仅要对各项资源合理调配使用，而且要密切关注可能出现的风险，避免产生对安全管理的影响。

（三）环境多变性

建筑施工项目具有环境多变性，这种环境多变性不仅体现在不同类建筑施工项目面临的自然环境与人文环境的差异性，而且在建筑施工项目内部由于需求或建设阶段变化也存在着环境的不确定性。同时必须考虑到，大部分建筑施工项目都处于露天环境或具有露天环境的部分，因此在天气产生变化时，将不可避免受到影响。具体来说，建筑施工项目中运用的各类设备都需要能源驱动能源，包括电能或者燃油类能源，它们都可能受到雨雪雷暴天气的影响，同时在恶劣天气的影响下，工作人员的注意力将可能受到影响，并且存在一定的懈怠心。综合来看，环境的多变性将引起其他各类因素的变化，并最终影响项目的安全管理。

（四）关系多维性

建筑工程的内外部环境十分复杂，在内部环境中各部门需要通力合作，才能取得最佳的施工效果，而在外部环境中工程承办团队则与勘察、设计、监理等单位进行联系和合作，不同参与方的行为共同影响整个项目的安全管理。这种多单位参与、多部门协作的开展形式，使建设工程项目安全管理生产关系具有复杂性。

（五）工作分离性

公司总部和各个项目分部具有工作分离性，施工工程内部也需要多个部门、多类工作、多方人员配合才能正常开展工作。在这种情况下，安全措施一旦不能在各项目部得到落实，就会导致安全管理工作不能受到应有的重视。

（六）作业非标化

建筑施工项目存在的作业非标准化问题，一方面是由于施工人员的本身素质偏低，另一方面则是受限于施工人员的生理素质。从施工人员本身素质偏低来看，产生的原因可能多种多样，不仅可能由于项目本身的培训体系不够完善或管理人员的安全监管措施不到位，甚至施工人员个人的一时疏忽与操作不规范，都有可能造成不安全的非标准化作业。从施工人员的生理素质来看，目前建筑施工行业普遍面临着用工荒的境地，因此从业人员的平均年龄越来越大，与之对应的则是日益下降的身体素质。这种身体素质的变化不仅反映在体力上，更重要的是会对人员的反应能力造成影响。一旦发生风险相关人员不能及时响应和应对，也将进一步加大风险的概率，并导致风险引发的后果更加严重。

二、建筑工程施工安全管理相关理论基础

（一）建筑工程施工安全管理原理

1. 复杂性原理

众所周知，建筑施工现场多为露天环境作业，施工人员需要面临的外部环境较为复杂，长时间暴露在此环境下，经常会受到恶劣天气因素和周边相邻建筑物交叉施工的不利影响，且由于建筑业属于资源集中型、劳动密集型行业，施工现场操作人员众多，各工种之间交叉作业面广，危险与意外随时都有可能会发生。此外，随着人类对建筑设计要求的提高，大量新工艺与新技术被运用到建筑工程施工阶段，也就需要用到更多精密的、先进的机械设备，操作过程中稍有不慎都有可能导致意外发生。例如，高空施工人员操作不规范而导致高空坠落事故，或者施工器械的坠落造成交叉作业面的施工人员伤亡等。露天环境下常常会遇到大风、大雨等不利天气，这些都是会引发施工安全事故的隐患。

2. 系统性原理

建筑工程安全施工管理具有系统性，管理内容涵盖建筑生产运输、堆放安装等各环节。

在生产期间，需要严把质量关。原材料的选取与加工需要严格控制，尤其是预制构件的各项参数必须严格按照施工图纸设计的要求执行，确保预制构件在出厂前保持质量优良，尽可能降低安全事故发生的概率。

在途运输中，需要提前规划运输路线，对于特大型预制构件的运输还需上报有关行政主管部门备案。特种运输车辆需做好上路前的审验工作，在车辆及预制构件的醒目位置还需要做好警示标语。在行驶过程中，应使用侧向护栏或其他固定措施的专用运输架进行固定，并采取减震措施以保持平稳前进，尽可能降低对预制构件的不利影响。

到场堆放时，需提前规划好堆放场地，并对场地合理划分区域，还要有专人值守。构件应当按照吊装及安装先后顺序归类存放在专用存放架内，避免构件倾覆，禁止将构件堆放在构件堆存场地外部，禁止使用不带任何侧向支撑放置预制墙板或楼梯；在构件堆放区施加定型化防护栏杆围成一圈为吊装区域，在不同堆场间应设立醒目的标志提示，禁止无关人员接触，同时向吊装作业的工人进行书面交底。

（二）建筑工程施工风险管理原理

1. 风险管理概念

“风险管理”一词最早可追溯至 20 世纪 30 年代的德国，发展于 50 年代的美国，经过

近 100 年的发展，现已成为一门独立的学科①。近 30 年来，英国、美国和法国等国家相继成立地区性和全国性风险管理协会。在 1983 年召开的风险和保险管理协会大会上，来自世界各地的专家学者云集纽约，商讨通过"101 项风险管理准则"，这标志着风险管理发展已进入一个崭新的阶段。建筑施工风险管理，就是在建筑施工过程这个必然存在着风险的大环境中，将风险降到最小的一种管理流程。建筑施工企业只有充分了解并掌握建筑工程中存在的各种风险，才能制定出行之有效的防范策略来减少或消除这些风险。通过认识、衡量和分析建筑施工风险，甄别最有效的方法，主动地、有目标、有步骤地处理施工风险，以最小的成本争取获得最大的安全保证是有效的管理方法。良好的风险管理有助于降低决策错误概率、避免损失可能、相对提高建筑企业本身附加价值。

2. 风险管理方法

随着社会和科技的不断进步，建筑工程施工所面临的风险因素日益复杂，施工单位和建设单位都逐渐认识到风险管理的必要性。建筑施工企业只有充分了解并掌握建筑工程中存在的各种风险，才能制定出行之有效的防范策略来减少或消除这些风险。无论采用何种策略，风险管理的根本原则在于以最小的成本获取最大的保障，这是人们不断探索的方案。因此，在实际施工中必须有针对性地选择有效的风险管理措施。针对建筑施工所带来的风险，可以采用传统和现代两种不同的风险管理方法进行处理。

（1）传统风险管理方法。传统建筑工程施工风险管理方法经过数十年的发展，虽已经形成一套系统理论，但不能完全匹配科技的进步与发展，正被现代风险管理方法逐渐替代。在传统风险识别过程中，大多采用定性的方法来识别风险的发生，主观性较强，科技含量较低。通过查阅相关文献资料，可归纳总结得出传统风险管理方法见表 6-1。

表 6-1　传统风险管理方法

风险分析阶段	风险分析方法
风险识别方法	资料分析法、风险清单法、事故树分析法、检查表法、专家调查法等
风险评估方法	专家评议法、专家调研法、外推法、矩阵图法、后果分析法、模糊综合评价法、层次分析法、事故树分析法、CIM 模型法、敏感性分析法、DEA 方法、灰色系统理论和计算机仿真等
风险应对方法	风险转移法、风险回避、风险利用、风险自留等

（2）现代风险管理方法。科技的进步促进施工工艺水平的发展，国家对建筑施工工艺与管理水平也提出了更高的要求，智能建造信息技术则造就了管理的科学性，其中又以 BIM 技术为典型代表，它被誉为 21 世纪建筑业生产力革命性技术，是运用先进的数字技术对建筑进行规划、设计、施工、运维的全生命周期管理。它可以模拟识别出建筑工程施

① 陈海军．装配式建筑施工安全风险管理研究［J］．城市建筑，2023，20（4）：155-157.

工过程中存在的风险源并给出分析意见，从而降低安全事故发生的概率，也可以将施工前所需用到的人员、设备、机械、图纸等导入 BIM 平台，利用 BIM 技术可视化的特点，发现可能存在的安全碰撞隐患，并对其进行处理从而提高实际施工的安全性。

3. 风险管理流程

风险管理流程的设置可以使工作更具有可执行性，能极大提高风险管理效率。通过查询相关文献资料并遵循 PDCA 管理原则，本书对建筑工程施工安全风险管理流程大体上划分为风险识别、风险评价、风险应对以及持续改进 4 个部分。

（1）风险识别。风险识别是整个风险流程管理中的第一步，其重要性不言而喻。风险识别的准确性影响着最终的决策结果。建筑项目施工开始风险辨识前首先应明确风险点，对风险点排查后应形成台账，包括风险点名称、所在位置、可能导致的事故类型等基本信息。安全风险点的确定也为隐患排查提供了基础，可以按照安全风险点排查台账建立隐患排查清单。实施风险辨识时，最重要的是要考虑到所有潜在风险，除识别危害类型之外，还要明确地描述危害产生的原因，这样才能发现真正的危害，从而完全控制风险。

（2）风险评价。风险评价实质上也就是风险分级，确定风险等级，便于风险管控。风险评价是由风险评估小组在风险识别的基础上进行的，针对有异议的风险等级，召开讨论会进行讨论，确定风险等级。风险评估结果应得到确认，确认方式可以采用专家评审方式。管理人员应针对风险评价的结果作出针对性部署，制订初步风险监控方案。

（3）风险应对。选择一种或多种控制措施应对辨识的安全风险，包括改变事件发生的可能性或后果的措施，制定管控措施要考虑各种信息，包括法律法规和相关规范的规定。制定并落实管控措施是风险控制的根本，应根据风险等级不同，分别制定控制措施，报上级单位备案；根据风险等级明确控制责任人，按照职责不同，分风险等级进行施工前施工中进行控制。

（4）持续改进。按照 PDCA 管理原则，应随时对风险管控过程中存在的问题或新发现的不足进行反馈，跟踪观察风险变化，适时判断风险事件状态。在检测到风险管控受影响后，针对可能产生的影响范围、发展情况，进行风险预警并及时了解风险动态以不断完善整改风险管控流程。

三、建筑工程施工引入 BIM 技术的必要性与可行性

（一）必要性分析

与传统施工现场管理技术不同，BIM 技术在建筑工程施工管理中具有良好的应用优势，其直接收益和潜在效益都十分可观，同时还能推动我国建筑领域信息化改革并产生良好成效。在这一过程当中，伴随着 BIM 技术在我国的逐渐发展与进步，BIM 技术运用于建

筑当中，必然可以推动设计、施工以及管理水平的不断提高，进而达到综合发展的目的。但从实践应用来看，由于项目管理水平不高、技术应用不够娴熟、信息传递不到位等，仍然存在着设计信息偏差现象，致使 BIM 技术应用成效难以得到充分挖掘。因此，建筑工程建设施工中应将安全管理贯彻于法律之中，将 BIM 技术更好地运用于三维模型转换之中，才能更好地消除设计偏差。同时，加大安全管理力度，才能促进建筑工程项目顺利进行，充分保证建筑工程安全性，进而避免施工过程中人员伤亡和财产损失等事故，保护人民群众生命健康，为企业带来较高经济效益，这样整体建筑水平才能得到提升，才能促进建筑领域可持续发展。

BIM 技术和建筑结合在一起，既能有效减少安全事故，又能推动建筑的信息化发展，所以将两者融合在一起是建筑行业实现健康和绿色发展的必然选择。

（二）可行性分析

BIM 技术的使用是整个建筑行业走向数据化、信息化的一个重要方式。BIM 技术在我国建筑行业中起到了催化剂的作用，借助 BIM 技术能够将整个建筑行业向信息化方向发展。BIM 技术在建筑工程中的运用不仅是可行的，同时也具有重要价值。

为降低施工中的事故发生率，传统方法已不能准确全面地上报实时施工情况，因此需要构件一种更有效、更高科技的安全集成管理体系——建筑施工安全管理模式，即以 BIM 技术为中心的安全管理模式。建筑信息模型建立在 BIM 技术上，利用建造可视化为建造信息化提供依据，使管理决策更信息化、科学化、自动化、标准化，在提高施工效率的同时还极大地降低施工安全隐患。

近年来，建筑施工安全问题的解决虽在一定程度上收到了效果，但是仍然存在诸多制约其发展的因素。例如，政府政策、法律、规范不健全，深化设计存在较大误差，信息传递不够及时，项目管理水平较低等。

BIM 技术的重要价值在于工程全生命周期各阶段、各专业之间以及各参与方之间的信息共享上，信息传递不够及时等问题不攻自破；将 BIM 技术运用于建筑工程项目全生命周期管理，可为工程科学有效管理体系的建立提供新的思路。

第二节　BIM 技术在建筑工程施工安全管理中的系统构建

一、基于 BIM 技术的建筑工程施工安全管理系统框架

为解决 BIM 技术在建筑施工项目安全管理中存在的信息获取不足、管理权限受限以及沟通渠道受阻等问题，基于广联达数字项目平台，构建 BIM 信息安全管理系统，解决工程

参与方与专业人员之间的协作问题，为每一次安全管理业务提供准确数据，提高安全管理效果。

该系统期望能够实现如下功能模块，即“项目信息”“人员信息与定位”“三维建模与模拟”“可视化动态展示”“安全监控及预警”“安全教育培训”等功能，如图 6-1 所示。

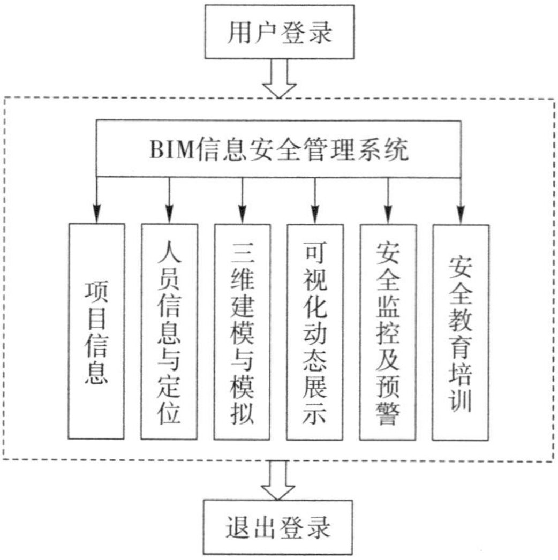

图 6-1　BIM 信息安全管理系统的功能模块

二、BIM 信息安全管理系统的主要功能

（一）构建信息模型

1. Revit 软件

完整的 BIM 由多个不同的部分构成，基本需要覆盖全部信息内容，如建筑、结构、设备（给排水、通风、电气）、装修、景观。

Revit 软件是国内建筑业 BIM 体系中使用最广泛的软件之一。通过 Revit 软件可以满足各专业工程师的建模要求。

2. Navisworks 软件

Navisworks 软件是进行可视化和仿真必不可少的 BIM 软件之一，它可以分析多种格式的三维设计模型。

3. Fuzor 软件

Fuzor 软件是一款将 BIMVR 技术与 4D 施工模拟技术深度结合的综合性平台级软件，它能够让 BIM 转化成带数据的生动 BIMVR 场景。

（二）施工场地优化

施工项目中涉及的施工场地和空间往往是有一个有限的范围，安全管理就针对这一范围发生，合理运用 BIM 技术能够实现有效参考与支撑。施工场地的优化不仅要考虑到空间范围，而且要将技术难度、仓储要求和工期计划等纳入考量，才能全面满足项目需求，为安全管理提供支撑与帮助。

在施工场地优化时，首先，要做好结构分析与危险区域划定，尽可能全面地评估安全风险因素并做好预案；其次，要对整个施工过程进行全周期模拟，对于可能发生的动态轨迹进行合理的预估与判定，确保在整个建设周期都能够实现安全调度；再次，要确定项目建设过程中使用到的材料和设备的配置，整个施工场地内的设施、原材料、人员行进与操作要具有合理性与高效率，确保既不会互相干扰，也能够彼此应用，在保证安全的基础上提升整体效率；最后，要做好定期检查与随机抽查，根据突发情况、变动因素进行适时调整，做好整个施工场地内各个对象的协调与应用，重点减少机械伤害风险、击打风险、结构崩坏风险等。

比如，在建筑项目施工过程中，一般会在施工场地或者施工场地附近搭建仓库、住宿楼、办公室等，这些建筑的布局和结构与项目整体施工安全管理水平密切相关。通过 BIM 技术的应用，能够在工期计划内分别按照时间进度和阶段性工作要求，对这些建筑的合理性进行模拟和评估，在不断优化中获得最佳方案。对于物料堆放区域，要能够尽快匹配简洁、高效、安全的搬运路线，在避免其他工作冲突的同时，减少物料运输消耗的时间；对于脚手架系统，利用 BIM 技术可以模拟搭建效果与搭接方式，重点检验脚手架系统与建筑主体的契合性，避免结构冲突引发的安全问题；在建筑内部，也可以利用 BIM 技术模拟水电线路布局，探索水电运送能耗以及布局的合理性，特别是水电交叉情况的安全性。

除此以外，在施工场地优化方向上的 BIM 技术应用，具有多次重复、成本较低的优势，能够不断组合匹配各个不同的规划，通过穷举尽可能降低安全风险，弥补方案缺陷，有利于施工单位全面彻底地提升安全水平，积极弥补平面设计中存在的不足，以可视化管理的形式避免潜在的施工冲突，为稳步提高安全系数提供保障。

（三）动态施工模拟

BIM 技术的实现必须依赖 BIM 的支持，任何模拟与变化都需要在匹配项目的模型上开展，特别是具有时间要素的四维动态模拟，对包含时间文件的 BIM 提出了更高的要求。根据 BIM 的构建原理，几何、结构、设备和其他构建的数据化参数是完成精确模型不可缺少的要素，这些要素共同组成了施工整体，持续为动态施工模拟和安全要素检查提供支撑。

虚拟施工是指利用虚拟现实技术对建筑施工过程进行全程仿真，能够在软件允许的范围内完成内力分析仿真计算，从而尽可能对施工全过程进行预演与核查。随着虚拟施工技术的发展，该领域已经从仅能模拟施工单位的施工过程，发展为可以全方位加入综合资源调配、施工进度变化、其他因素调节的灵活适应模式。基于 BIM 技术的虚拟施工，能够对已经完成内容制订的施工方案全面模拟，匹配 3D 模型与进度计划，更加高效快速地发现项目存在的问题与缺陷，提前进行调整和预防。基于 BIM 技术的虚拟施工，支持对整个施工过程进行持续性的修改与调整，可以保证最佳方案的出现与完善，各类重点、难点、技术要点都能够以数据化和可视化的形式呈现，从而帮助项目管理者和参与者形成更加具体的认识，以虚拟技术应用的形式，减少项目在材料、资源和工期上的投入。

从另一个角度来看，基于 BIM 技术的虚拟施工，将超脱三维模型，形成四维可视化动态施工模拟，将时间或计划作为一个可调节要素，贯穿于项目管理的全部过程。并且得益于 BIM 技术的可视化特点，这种四维模型在任何一个时间节点或者进度阶段，都能够拥有可追溯的模型内容，项目各个参与方都能够基于此进行分析和探索，具有极强的真实性和可操作性。从四维模拟的实践路径来看，思维模拟将进度文件中的时间信息与施工模型中的构建一一匹配，从而完成了施工次序的模拟与对应，形成基于三维模型的四维动态成果展示。

从动态施工模拟的角度来看，BIM 技术的应用为四维动态模型的建立提供了基础，能够直接完成事故高发区域的定位与模拟。在四维动态模型中，不同阶段的建筑实体以及安全环境都能够得到直观的展示，能够有效避免个人认知中的局限性与片面性。项目管理人员在动态施工模型中可以实现场景的逐一模拟与检测，从而制定行之有效的防护措施。从 BIM 技术的延伸运用来看，利用相匹配的物理模型与其他软件，还能够进行不同事件、不同场景下的事件模拟，比如地震、台风、人物碰撞等，这种动态模拟涉及管线碰撞、结构碰撞及对应检查，在 Navisworks、Fuzor 等碰撞检查功能插件的支持下，BIM 能够完成不同模块、整体项目的检测，并直接标记出碰撞与冲突部位，直接实现安全隐患的动态管理和整体模型的监管控制。

（四）基于 BIM 与 RFID 的安全监控及预警

在建筑项目中，施工事故的发生，同时受到操作人员和环境设备的影响，主要是由于两者的综合作用。在建筑施工项目中，坠落事故发生概率较高，并且由于其特殊性将很有可能直接导致相关人员伤亡，但是这一类事故又可以通过及时的环境把控与提醒进行防范，因此在施工中应该重点关注其安全风险，对其进行完善的监控与监管，从而做好整体人员安全把控。

射频识别（RFID）是一种能够通过硬件设施在不接触的情况下完成数据的通信和信息的识别的技术，其可以有效识别目标的状态和资格。目前，它已广泛应用于汽车防盗、门禁、物资管理等领域①。

在基于 BIM 与 RFID 开展安全监控及预警时，整个施工场地至少需要配备 3 类不同的硬件作为整体技术的应用支持。一是施工人员所佩戴的带有 RFID 标签的设备。这一类设备一般每位施工人员都需要佩戴，如便于标签黏附和保存的安全帽。二是在施工场地每一楼层或者特定间隔区域布设的读写器系统。这套系统一方面用于感应施工人员所携带的标签状态与位置，另一方面把收到的各类信息以数据的形式传递至终端，再根据建设好的 BIM 判断施工人员所处的位置，基于设定好的风险源及风险位置，对施工人员的情况与风险进行预判和警示。三是施工场地监控室或其他专门区域内配备的动态 BIM 或其他能够展示具体情况的设备。项目管理人员可以在此区域内接收到读写器系统发出的警示，也可以人为监测判断佩戴 RFID 标签的施工人员的状态，并及时发出预警。

在具体应用过程中，首先需要对整个施工场地完成建模并标示好风险位置。比如，在一些存在洞口位置或距离边缘处较近的位置，做好预先的系统检测或提示。这样能够在系统自动配备的预警功能中提醒施工人员做好防护，充分发挥整个安全监管的自主性和智能化特点。在各类硬件设施配备齐全的情况下，施工人员一旦进入危险区域，就会直接接收到系统发送的提示信息，同时该类警报也会被传递给管理人员或者安全人员，从而可以由更加专业或具有负责权限的人员对施工人员发布信息，从而更好地完成整个施工项目的管控。

同时，基于 BIM 与 RFID 开展的安全管理，能够具有划分级别的优势与好处。在配备有相关设施的人员刚刚进入危险区域时，就会得到风险级别提醒与风险情况判定，从而在第一时间发现险情。比如，在施工人员距离边缘较近时将会被判定为一级风险，提示坠落可能性。而在一些特定区域或者危险程度较高的范围内，风险级别与应对措施将会随之改变，从而形成具有差异化和针对性的判定。比如，配有相关设备的人员进入未加防护的电梯口附近时，将会被判定为二级风险，此时坠落风险增大，设备及时反馈给施工人员的同时，管理者与安全员也将同时接到通知，从而能够有效地控制风险。从另一个角度来说，这种分级与智能化的判断，能够有效地辅助管理人员作出优先级评定，从而很好地控制整个项目的风险与应对次序。

（五）基于 BIM 与 VR 的安全教育培训

虚拟现实（Virtual Reality，VR）是一种能够利用计算机模拟真实环境从而给人沉浸式体验的实用性技术，它是多种技术的集合，可以被应用于 BIM 中。在基于 BIM 与 VR 的安全教育培训中，BIM 为实际空间提供了数字化呈现，而 VR 技术使参与安全教育培训的

---

① 徐柳杨，刘婉．BIM 技术在建筑工程安全管理中的应用研究［J］．中国建筑金属结构，2020（10）：26-27.

人员与 BIM 建立关联、形成认知的重要媒介。在安全教育培训时，参与安全培训的人员佩戴上特制设备后，就能够在虚拟漫游过程中了解场地的安全隐患，将所收到的安全教育培训内容与实际场地融合，甚至预演风险点与危险操作，从而强化员工的安全意识，将安全行为真正植入培训人员心中，形成理想的安全教育培训效果。

从另一个角度来看，基于 BIM 与 VR 的安全教育培训对于需要拟订培训方案、确定实际风险点的人员也具有非常大的价值。安全教育培训专员可以通过 BIM 与 VR 技术结合形成的模型进行方案模拟与分析，利用 BIM 技术的一些辅助功能，完整筛查场地安全因素，确保安全教育培训能够形成全覆盖的风险管控，针对现场管理、作业环境、设计缺陷、施工组织、施工方案等环境与流程中存在的安全问题进行模拟预演和提前预防，从根本上保障整个项目的安全推进。对于一些无法前往现场，但是经验丰富或者有合作需要的人员，基于 BIM 与 VR 技术形成的模型也支持远程感受，避免了因图纸或者模型造成的认知不全面而影响效果。

第三节　BIM 技术在建筑工程施工安全管理中的应用实例

进入 21 世纪以来，一种新兴的建造模式（装配式）应运而生。装配式建筑施工作业由于其施工作业环境、施工工艺、施工机具与传统施工作业相比都发生了很大的变化，所以同样也存在许多未知风险因素。将 BIM 技术合理运用在装配式建筑施工过程中，能提供高效率的数据管理模式，同时也可以实现安全数据信息的可视化表达，进而达到降低装配式建筑安全事故发生概率的目的。

本章节以浙江省 A 装配式建筑施工项目安全风险管理为研究对象，利用 BIM 技术帮助降低项目施工过程中的安全风险、减少项目施工过程中安全事故的发生、最大限度地保证人员的生命健康与安全、减少企业资金与财产损失、将施工过程中存在的安全风险降低到最低限度，对于建筑项目施工中的安全管理有现实指导意义。

一、项目概述

该建筑工程项目位于浙江省衢州市开化县环城北路北侧，城北综合市场西侧，开化县芹阳办事处城北原泰康药厂片区。总用地面积 50010. 2 平方米，规划总建筑面积暂定 14. 5 平方米，地上建筑面积暂定 10 平方米，地下建筑面积暂定 4. 5 平方米；规划总户数 848 户，采用装配式技术建造，建设内容主要包括高层住宅、配套服务用房、地下停车库以及小区道路广场、绿化等配套工程，估算总投资 7 亿元，以基于 BIM 技术的施工安全管理为基础，对该项目进行建造应用。A 项目为装配整体式剪力墙结构，所涉及的装配构件主要包括内墙板、叠合板以及预制楼梯等，其中预制率达到了 52.85%。项目要求采用 BIM 技术建立施工模型、细化设计、专业协调、成本管理与控制、施工过程控制、质量安全监控、地下工程风险管控、交付竣工模型，且项目实施过程中和后期运维启动前提供招标人使用 BIM 成果的技术支持及人员培训。

二、项目施工安全问题分析

（一）预制构件运输转场安全问题分析

预制工厂制作好的预制构件均需要通过专用运输工具运输至施工现场，不同建设项目所需要用到的预制构件均需要根据设计图纸来定制生产，这必然导致预制构件的数量差异且种类繁杂，同时也增加了运输转场过程中的难度和不确定性。为使预制构件安全抵达施工现场，以下问题需得到足够重视。

1. 预制构件运输安全管理的信息化水平较低

装配式预制构件类型繁多、数量庞大，加之按楼层生产的建设需求，对生产计划、库存计划、模具计划、生产安排、材料计划、质量管理、物流配货和供需沟通各个环节都有极高的管理需求。而本项目生产企业还不具备信息化的管理手段，使用人工管理容易造成生产及仓储的管理混乱，构件在运输转场方面出现问题，造成安全管理隐患。相较于国外，本工程项目预制构件运输管理相关技术相对落后，缺少必要的信息化监管手段，导致无法对预制构件的环境与位置信息进行实时性监测，运输安全难以保证。

2. 预制构件运输准备工作不足

预制构件运输准备工作不足的情况时有发生，如在运输转场之前没有制订完备的运输方案或遇到突发情况时无备选方案可选；装卸预制构件时相关辅助工具准备不充分导致安全隐患的发生。

（二）预制构件存储堆放安全问题分析

1. 预制构件存放区域不合格

较大规格预制构件应当按照施工组织设计要求分区域堆放并在各区域间留有间距。运输时尽量做到不与地面接触或直接碰撞。存放场地一定要整平打实，不应放在松土、坑洼处。在存放过程中，由于竖向构件需采用专用存放架竖向存放，如果存放架存在损坏或人员在存放过程中由于存放区域不合格出现安插不牢，容易出现倾覆现象。

2. 构件存放区域未实现完全封闭

构件运输至施工工地现场后，须堆放在指定预制构件存放区，并用定制护栏进行封闭，在醒目位置设置警示标牌，严禁无关人员入内。因该区域需要经常进行吊装作业，极易发生因未封闭存放区而导致的人身意外伤害事故。

（三）预制构件起吊运输安全问题分析

预制构件起吊运输在装配式建筑施工全过程中至关重要，在吊装运输时必须确保这些大尺寸预制构件不会被破坏并安全运输至施工部位。为使预制构件安全抵达施工部位，以下问题需得到足够重视。

1. 道路环境较差

道路不仅是交通的先决条件，而且是交通效率高低的决定性因素。在吊装和运输大型构件时，因施工现场道路环境恶劣而对构件造成破坏的情况是常见的，施工现场道路硬化还未完全结束，局部地段不平且不稳固，在运输途中极有可能会引起车辆的颠簸和剧烈摇晃，使构件出现破损掉落等情况，进而存在安全隐患。

2. 起吊过程中构件连接部位失效

构件运输在正式起吊过程中连接部位失效也时有发生，一方面是年久失修导致吊带断裂，另一方面是预埋件质量不合格或混凝土强度未达标而导致预制构件脱落甚至倾覆，从而发生严重的安全事故。

3. 起重吊装机械设备发生故障

起重所用的材料、工具（如主拔杆、风缆、地锚、滑车、吊钩、钢丝绳、卷扬机和卡具等）应经常检查、保养和加油，发现不正常时，应及时修理或更换。所选用的受力机械、工具、材料均应按起重量通过计算确定，切不可随意选取，否则一旦机械设备发生故障，后果不堪设想。

（四）预制构件安装固定安全问题分析

预制构件的安装固定作为整个装配式建筑施工主工序的最后一环，也有如下几个问题需要得到足够重视。

1. 交叉作业环境

预制构件安装现场属于密集型交叉作业，不同工种人员在同一作业面或有限的施工场地和空间里会存在很多立体交叉施工作业。施工过程中存在大量碰撞，属于重点安全管理环节。

2. 工人操作不当

由于装配式建筑中绝大多数构配件都需采用吊装方式完成，工作量大，极易造成操作人员操作不规范。另外，如果塔吊地面指挥人员和操作人员之间配合不默契，也会导致施工过程中刮碰和其他安全事故的发生。

三、基于 BIM 的建筑施工安全保障措施与效果分析

（一）BIM 建模

1. BIM 建模工具选择

该案例工程项目设计主软件为 Autodesk 旗下的 Revit 2018 专业版，Revit 所保存文件格式的后缀是 .rvt 文件格式，但是它也可以按照 IFC 文件格式进行导出，IFC 文件也可以链接至 Revit 文件中。与此同时，Revit 也存在许多缺点，有待二次开发。

2. BIM 参数化建模

（1）创建 BIM。

①装配式建筑专业模型构建。模型创建第一步就是要熟悉设计图纸，建立标高和轴网体系，把 CAD 设计图纸导入 Revit 底图，然后在对应平面位置和高度上先后创建填充墙、门窗、花池墙、台阶、散水、坡道栏杆、无障碍坡道、护窗栏杆和装饰做法三维模型，最后完成建筑模型全部建筑构件各构件模型的建立，把建筑模型置于设计规定的位置上。

②装配式建筑结构模型构建。在共用标高、轴网体系中，引入各层结构图纸，利用 CAD 设计图为建模底图，按顺序完成独立基础，建立柱体、梁体、板体、混凝土墙、楼梯、雨棚、女儿墙、挑檐和构造柱体等结构构件模型，完成全部基本构件建模工作，将对应结构构件置于规定设计地点之后，便可组建结构模型。

③装配式机电系统模型构建。机电系统主要由给水排水、暖通及电气系统组成，可以通过 BIM 进行单独建立，并把每个专业系统中所含设备、管线及阀门信息全部加载在模型上。每个专业模型单独建设最终集成到模型中，用以显示管线的综合整体效果，并应用于管线的优化设计。

（2）与 RFID 相结合，确定现场的风险来源。RFID 技术其实可以应用于装配式建筑施工全过程，主要有生产、运输、进场、储存和吊装。PC 构件进入工厂加工阶段后，将 RFID 芯片嵌入其中，芯片编码和构件编码保持一致，而预制构件则借助于 GIS（地理信息系统）来进行位置定位、追踪。每个芯片上将会记录构件的生产、储存、运输、入库、出库、吊装过程中的信息，并且 RFID 芯片具有唯一性，保证了构件在生产加工、储存、运输、入库、吊装过程中信息的准确性。RFID 读写器不间断地获取布置于现场的危险因素标签信息，可以在 BIM 上显示工人与施工机具之间的地理位置信息，BIM 平台上的监控人员可以判断出物体所在区域内的危险等级。还可以通过 RFID 来核查有关人员有无装备安全防护用品以及有无戴安全帽、安全带和穿防滑鞋等，确保安全防护用品性能。对于模板、脚手架和基坑支护这些存在事故隐患的位置，可以监测结构受力数据，并将其与标准数据进行匹配，使其持续处于安全监测状态，在发生不稳定或者倾斜时可以及时告知现场

的安全管理人员。

（二）基于 BIM 的建筑施工安全保障措施

通过无线技术向阅读器发送以上收集的风险源信息并打包处理后，通过光纤发送至上层服务器并分析处理后与 BIM 安全信息模型分享，从而实现整个施工过程的安全数据信息互动，并在 BIM 安全信息模型上呈现施工人员与机械的实时位置、周边环境、检测参数、关键工序与关键构件等安全情况。当施工现场出现人员不安全行为或物品及周边环境不安全状态时，会在 BIM 中发出警报，划分危险行为和状态等级。

A 项目装配式建筑在建设过程中采用 BIM 技术破解施工难点，确保施工安全，通过装配式构件运输转场和存储堆放、施工场地平面布置、塔吊运输吊装以及装配式构件的安装展示，较好地解决了危险源的划分和指导安全施工，同时在安全数据信息管理平台上实现信息统一管理和共享。

1. 装配式构件运输转场及存储堆放

该项目预制构件生产厂家距施工工地现场 100 千米左右，运输线路 50 千米是高速公路，35 千米是城市快速路，15 千米是城市主干道，入口大门道路宽度 10 米，施工现场内道路宽度 6 米，都能够满足预制构件运输车辆的通行。运输时，为尽可能避免实际加载时产生问题或者突发情况，可以采用 BIM 技术模拟功能来预演预制构件的运输情况。由于构件生产时均植入 RFID 芯片，BIM 安全信息模型的使用可以帮助运输人员根据实际道路情况以最短的时间制定最为安全的运输路线和最为合适的行驶速度，并在行驶路径发生偏移设定值或超速情况下进行相关安全预警提示，以保障运输构件以及运输人员的运输安全。

构件运抵施工工地场地时，必须堆放于规定的预制构件储存区域内，用定制护栏围护。将 BIM 安全信息模型内预制构件的存放区域分割出来，并将各类设备、物资等用标签标注出来，每个现场施工人员、管理人员均穿戴上对应标签，利用标签识别器可识别人员属性并判断其是否拥有进入区域的权限。在没有权限的人进入危险区域后，标签会自动发出鸣响，提醒施工人员离开危险，且鸣响持续时间大于某一限值时，BIM 安全信息模型会直接向施工现场安全控制人员明示这一突发情况，使施工人员能被及时带走以防止发生安全事故。

2. 施工场地平面布置

装配式建筑工程施工时，在有限的施工场地及空间内会出现大量立体交叉施工作业。若前期规划不合理，会导致施工过程中出现诸多安全隐患。且施工现场环境随施工进度不断发生变化，需动态管理施工场地及空间安全。

装配式建筑施工场地平面布置的好坏直接关系到吊装机械间碰撞的概率以及预制构件的堆放防护问题，合理安排施工场地的布局，可以减少工程成本以及安全事故发生的概率。该工程项目采用 BIM 技术，构建了施工场地平面布置三维模型。

通过 BIM 三维模型可以直接观测到各种施工机械、材料堆场和材料加工棚的摆放地点，也可以使用 BIM 漫游施工场地，并通过虚拟人物沉浸在施工现场环境中观测，分析现场摆放是否合理，并对材料堆场的摆放地点作出调整，从而解决施工现场容易出现安全事故的难题。

3. 塔吊布置及吊装

装配式建筑施工一般要求多台塔吊机械同步完成吊装作业，吊装机械位置的合理布置十分必要。三维场布模型下，对每台塔吊回转半径、工作覆盖区域等参数进行分析，可以保证每台吊装机械的安全施工距离、避免施工机械发生碰撞事故等。

预制构件吊装作为装配式建筑施工中至关重要的一环，要先核算起重设备能力，而起重设备选型、数量的确定以及规划布置的合理性又关系到整个项目的施工安全、施工质量和施工进度。应根据工程预制构件类型、大小、所在楼层的位置、重量和数量分别归纳清单，为选定起重设备能力核算提供了基础。吊装时可能存在以下安全风险。

（1）塔吊出现机械故障导致滑钩等情况。塔吊起吊时构件一旦脱落，不仅会使构件和地面附属物遭到破坏，还可能导致人员伤亡事故的发生，其后果是极为严重的。

（2）吊装机械本身存在隐患。起重机械作为预制构配件吊运中的主要机械设备，如果吊运设备性能存在问题，就有可能造成构配件吊运后滞留空中，从而形成较大安全隐患。同时，该装置若长时间超负载工作，就会受到预制构件的挤压而发生折臂或者坍塌等严重后果。

（3）信号工操作不当。由于装配式建筑中绝大多数构配件都需采用吊装方式完成，工作量大极易造成操作人员操作不规范。例如，信号工和操作人员之间配合不默契，就会造成施工过程中刮碰及其他安全事故。

在本项目中，可通过 BIM 安全信息模型来查看仿真平台模型数据库的内容。吊装模拟之前，需建立相关模型，模型的精细等级根据需求而定。依据实际吊车外形尺寸进行 1∶1 建模，精确控制臂杆尺寸和长度，使吊臂角度及旋转角度可调以便于使用。

针对施工场地条件建立模型，并利用 Revit 子面域功能对吊车能够移动的范围（灰色部分）进行标注，全部模型做完之后再集成到 Revit 上。可通过搬动吊车，调节吊车臂杆角度和被吊物件的位置来观察吊装全过程可能遭遇的碰撞。可针对吊装情况确定最远的吊装地点，并对该地点进行重点模拟测试。选择吊车站位、调节臂杆角度、调节旋转角度来模拟吊车臂杆的动作过程，并观察臂杆在吊装时对相关部件的撞击。如有撞到的情况，可调整臂杆的运动轨迹以避免此类现象。如果碰撞不能避免，则调整吊车站位进行反复仿真，直到碰撞消失为止，同时记录数据。

4. 装配式构件安装

安装操作前应在安装操作区域内围护和作出明显标志，拉设警戒线，按危险因素等级布置旁站人员，对用于施工操作的专用吊具和吊索及定型工具式支撑和支架要进行安全检查，并且在使用过程中要定期和不定期验算以保证它们处于安全状态下。当预制构件吊装完毕，应在构件升起约 300 毫米之后，停稳构件并对钢丝绳、吊具及预制构件的状态进行检查，以证实吊具的安全性及构件的平稳性，然后再慢慢升起构件。在吊装预制构件的过程中，禁止在构件下站立人员，应在预制构件落地到离地面 1 米范围内方准操作人员接近，到位并固定好之后才能脱钩。该工艺地面相关技术人员及施工机械中作业人员各手持 RFID 技术阅读器及显示器，利用 RFID 技术采集相关数据并作出相应分析，然后有序地实施相关部件吊装工作。

（三）BIM 应用效果分析及评价

1. 应用效果

传统建筑工程施工风险因素辨识主要靠管理人员现场考察，然后口头技术交底，但是因其各类信息复杂且沟通滞后，造成效率不高，施工安全事故多发。所以对于建筑施工过程中的风险因素控制必须是实时可靠的，只有这样才能在最短的时间里降低风险，减少损失。而对收集的风险因素进行实时数据信息显示和传递，并通过 BIM 安全信息模型将其直观地展现出来，可使管理人员更清楚地认识施工过程中的风险状态。BIM 安全信息模型系统中会设定风险信息的边界，风险信息超出该边界后会即时高亮弹出安全防护预警和管控建议，以实现减少建筑施工安全事故的可能性。

（1）BIM 技术实时管控风险因素。在危险因素管控方面，针对装配式建筑的运输转场、储存堆放、起重吊装、安装固定 4 个过程所涉及的人员、机械、材料、方法、环境 5 个方面布设电子标签，利用安全巡检 App 联动 RFID 芯片，可以及时将安全信息共享至 BIM 安全协同平台，方便施工人员进行安全管控，从而实时定位施工人员是否处于危险中。

（2）建立 BIM 安全信息模型。风险因素实时信息可以传入 BIM 中，由读写器自动读取输入，并进行系统管控，运用可视化展现等功能，以全面了解现场风险源状况，并将其与施工安全风险库信息相比较，确定危险等级。

按照装配式混凝土建筑构件编码体系和施工安全风险库内风险信息编码体系，施工人员可以对 BIM 进行全面编码和加工，通过参数化或者外部链接等方式将加工施工现场安全信息加载到 BIM 基础模型中，从而完成 BIM 安全信息模型的建立。采用 BIM 安全信息模型可以实现场内水平和垂直运输模拟并合理避免碰撞风险。装配式建筑吊装技术复杂、施工机械化水平高、施工安全保障措施需求多样，利用 BIM 安全信息模型可以模拟预制构件在现场吊装和施工过程、优化施工流程、健全施工现场安全管理预案、消除安全隐患、避免质量安全事故。基于互通式立交桥的优化原理，能够实现各个专业之间碰撞检测，能够迅速定位出现问题的地点、自动报警，降低灾害带来的危害和资源浪费等功能。

（3）防范施工事故，安全预警。与定位技术相结合，通过 BIM 技术对施工人员在工作时间的行动路径进行成型，并与模型平台上危险区域的标注相结合，对人员在危险区域内的位置进行计算和判断，例如运输车辆行驶轨迹、塔吊位置、施工机械位置及洞口和临边部分危险区域位置。系统检测到作业人员在危险区域标志范围内，则会依据项目施工设定安全标准对人员涉险级别进行分析判断，依据不同预警模式对相关施工作业人员发出对应预警信号。如果出现安全事故，能迅速了解施工现场的人数及地点，并准确施救。

利用 BIM 技术可在 BIM 安全信息模型上对施工现场各生产要素进行渲染，同时结合施工模拟可以使安全管理人员直观地显示计算机环境中的施工组织设计。另外，在 BIM 技术辅助下，对装配式施工各阶段危险源可实现动态辨识与动态评价。以 BIM 软件工具为平台，对所构建的含安全技术措施和危险源信息的三维 BIM 进行时间关联，组建四维信息模型可着重对工程项目施工过程进行描述，用以解决施工中进度管理、工程模拟、资源管理和场地管理方面的难题，使施工人员对进度计划中的重要节点及对应危险源信息有一个清晰直观的了解，能够及时发现施工中存在的问题及隐患，并及时采取措施进行处理，以防止施工安全事故。

2. 运行评价与总结

以 BIM 为核心的建筑施工安全风险管控系统，运行效果较好，能够弥补传统风险管控的部分不足，使项目安全管理水平有了明显提升。

（1）提升风险管理效率。时效性在建设项目风险管理中十分重要，BIM 技术应运而生恰好能够满足这一需求，这也弥补了传统建设项目风险管理模式中存在的缺陷。BIM 作为囊括了建设项目全部信息的工程数据库，能够在建设项目建设及使用阶段为各项决策提供完整、精准的数据支持，让项目管理人员能够方便、快捷地抽取出需要的与建设项目有关的各类信息，及时关注其中出现的状况，了解这些信息对项目目标产生的影响，并在合适的时间内予以监测，从而实现项目风险管理信息化、实时化管理，有助于提高项目风险管理工作效率。

（2）加强专业人员的合作。一个建设项目分为若干个阶段，分别由不同小组来完成，甚至同一阶段中的不同活动都由各单位来完成，各单位之间其实互不负责。这就使团队间缺乏沟通，信息沟通也维持在最低限度，造成了项目信息的丢失。BIM 使整个项目团队都可以在通用的模式中进行工作，从而使信息交流更加方便，且信息具有即时性，专业团队间能够进行较好的协同配合，同时还有助于及时发现项目风险。借助 BIM 技术理念，能够形成一种高效协同组织方式，基于三维数据作为模型直接便捷地开展组织协调工作，降低信息流失，提升装配式建筑风险管理流程组织协调水平。

（3）增强风险管理的科学性。通过将 BIM 技术有效地运用到建筑风险管理整个过程中参与各方风险管理行为意识，同时借助 BIM 数据库可视化、模型化和及时共享的特点来分析其风险评估，为判断和应对风险提升科学化依据，实现了集成化风险管理。

参考文献

［1］蔡剑文 . BIM 技术在建筑工程管理中的应用［J］. 上海建材，2024（3）：100-101，108.

［2］常远 . BIM 技术在建筑运行维护阶段的应用［J］. 中国储运，2024（7）：152-153.

［3］陈岩 . BIM 技术在建筑给排水设计与优化中的应用［J］. 工程建设与设计，2024（4）：123-125.

［4］陈作荣 . BIM 技术在建筑工程施工管理中的应用研究［J］. 城市建设理论研究（电子版），2024（20）：73-75.

［5］程建荣 . BIM 技术在高层建筑给排水设计中的应用［J］. 中国新技术新产品，2024（6）：94-96.

［6］程荣 . BIM 技术在建筑结构设计中的应用［J］. 智能建筑与智慧城市，2024（7）：89-91.

［7］桂华桥 . BIM 技术在水利工程建设领域中的应用［J］. 科技创新与应用，2024，14（21）：177-180.

［8］何尉铭 . BIM 技术在建筑工程施工质量管理中的应用［J］. 工程技术研究，2024，9（7）：207-209.

［9］胡国辉，王雪艳 . 基于 BIM 的工程项目进度管控研究［J］. 价值工程，2024，43（20）：9-13.

［10］黄涛，李炎，董舒，等 . BIM 技术在安全风险分级管控中的应用［J］. 建筑安全，2024，39（1）：65-68.

［11］李本新 . BIM 技术在装配式高层建筑施工进度管理中的应用［J］. 中国建筑金属结构，2024，23（6）：187-189.

［12］李延超，姜安民，董彦辰，等 . BIM 技术在建设项目施工进度管理中的应用研究［J］. 科技创新与生产力，2024，45（1）：88-91.

［13］李延超，姜安民，董彦辰，等 . 基于 BIM5D 的建设项目施工成本管理研究［J］. 中国储运，2024（7）：94-95.

［14］李盈采，李达耀，王丹，等 . BIM 技术在建筑项目中的应用研究［J］. 科技创新与

生产力，2024，45（5）：66-68，71.

[15] 李玉成 . 基于 BIM 技术的建筑给排水参数化建模及二次开发应用研究［D］. 合肥：安徽建筑大学，2021.

[16] 梁君德 . BIM 技术在建筑施工管理中的运用策略［J］. 城市建设理论研究（电子版），2024（18）：59-61.

[17] 林忠东 . BIM 技术在管综碰撞检测中的应用［J］. 福建建设科技，2024（4）：93-95，127.

[18] 刘章 . BIM 技术在房屋建筑工程质量安全管理中的应用［J］. 中国高新科技，2024（6）：21-23.

[19] 陆敏 . 基于 BIM 技术的房建施工进度优化与控制［J］. 城市建设理论研究（电子版），2024（20）：130-132.

[20] 马美杰 . 建筑装饰装修工程中 BIM 技术的应用［J］. 中国建筑装饰装修，2024（13）：91-93.

[21] 毛颖，许帆 . 5D-BIM 技术在项目全过程成本管控中的应用［J］. 四川建材，2024，50（6）：225-227.

[22] 孟晓威 . BIM 技术在某数据中心项目质量管理中的应用研究［D］. 杭州：浙江大学，2022.

[23] 彭博 . 基于 BIM 技术的市政给排水管道工程措施项目成本管理研究［D］. 南昌：南昌大学，2023.

[24] 秦涛，孙晓伟，蔡宏洋，等 . 基于 BIM 技术的建筑工程安全管理应用研究［J］. 建筑技艺（中英文），2024（S1）：328-331.

[25] 任小丽 . BIM 技术在建筑给排水设计中的应用［J］. 石材，2024（4）：138-140.

[26] 史红坤 . BIM 技术在建筑施工质量管理中的应用［J］. 工程与建设，2024，38（2）：489-490，493.

[27] 宋祥 . BIM 技术在建筑工程设计阶段的应用研究：以某图书馆建设项目为例［J］. 砖瓦，2024（7）：61-64.

[28] 孙艳翠 . 基于 BIM 技术 H 工程施工阶段成本控制应用研究［D］. 淄博：山东理工大学，2023.

[29] 陶伯雄，黄皓 . 基于 BIM 技术的建筑施工安全管理应用［J］. 智能建筑与智慧城市，2023（12）：70-72.

[30] 王澄瑜，王福琴，谭渊文 . 基于 BIM 技术的绿色建筑施工流程优化探讨［J］. 工程建设与设计，2024（13）：170-172.

[31] 王新睿.BIM 技术在建筑工程安全管理中的应用研究［J］. 中国建筑装饰装修，2024（11）：86-88.
[32] 王震东，王瑶，徐善文.BIM 技术在市政工程质量管理中的应用研究［J］. 建材发展导向，2024，22（12）：58-60.
[33] 魏菁华，裴羊羊.BIM 技术在房屋建筑工程施工进度管理中的应用策略［J］. 产业创新研究，2024（2）：112-114.
[34] 徐凯祥，方必和，王军. 基于 BIM 技术的工程进度管理研究［J］. 智能建筑与智慧城市，2024（4）：78-80.
[35] 徐晓峰. 智能建筑技术在智能建筑中的应用研究［J］. 中国建筑装饰装修，2024，（13）：79-81.
[36] 徐彦民，姜方方.BIM 技术在房屋建筑施工管理中的应用研究［J］. 工程建设与设计，2024（12）：102-104.
[37] 许阿敏. 基于 BIM 的施工管理应用研究［D］. 荆州：长江大学，2022.
[38] 许志文.BIM 技术在建筑工程项目进度管理中的应用研究［D］. 北京：华北电力大学，2021.
[39] 杨嘉欣.BIM 技术在建筑工程安全管理中的应用研究［D］. 长春：吉林建筑大学，2022.
[40] 于添程.BIM 技术在装配式建筑建造成本控制中的应用研究［D］. 武汉：武汉工程大学，2022.
[41] 余芳. 基于大数据的建筑工程项目成本控制应用［J］. 中国商界，2024（7）：134-136.
[42] 张志鹏，王兴晨.BIM 技术支持下的建筑给排水设计优化研究［J］. 中国建筑金属结构，2024，23（5）：151-153.
[43] 郑光亚. 基于 BIM 的建筑工程管理智能化研究［J］. 城市建设理论研究（电子版），2024（20）：58-60.
[44] 周叶.BIM 技术在建筑施工安全管理中的应用［J］. 绿色建造与智能建筑，2024（1）：58-61.
[45] 周志刚. 基于 BIM 技术的工程项目进度管理研究与应用［D］. 南京：南京林业大学，2022.
[46] 朱述康. 简析 BIM 技术在建筑给排水工程设计中的应用［J］. 居业，2024（5）：96-98.
[47] 朱雨辉，柏茂桂，何启飞，等. 建筑给排水工程设计中 BIM 的应用探索［J］. 水上安全，2024（4）：100-102.